微分方程式の基礎

これでわかった！

潮 秀樹 ●著

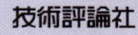

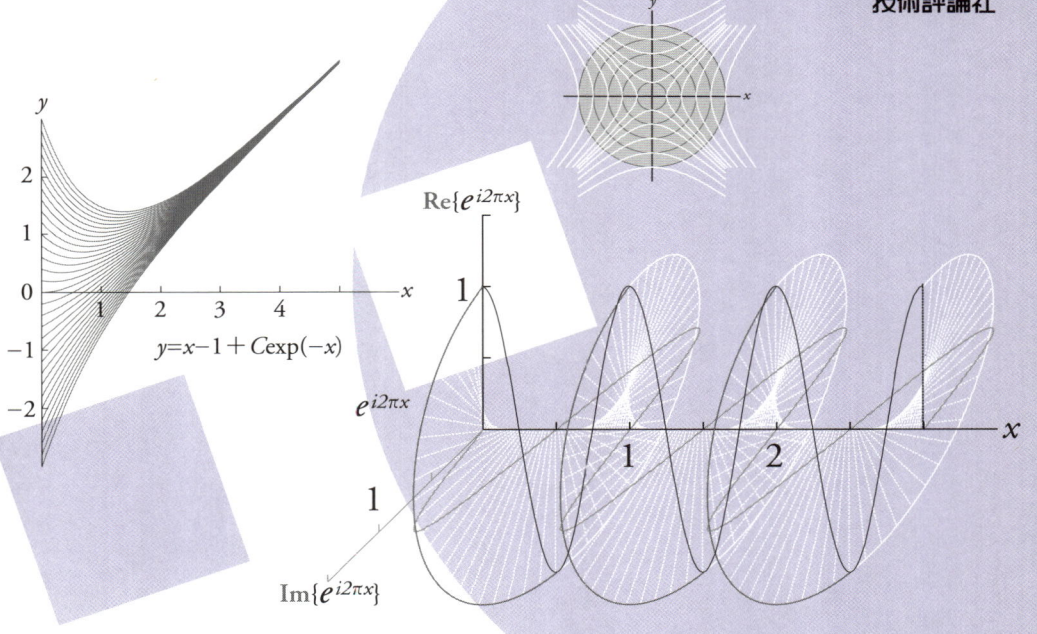

技術評論社

$y^2-x^2=C$ と $y^2+x^2=C$

$y=x-1+C\exp(-x)$

$\mathrm{Re}\{e^{i2\pi x}\}$

$e^{i2\pi x}$

$\mathrm{Im}\{e^{i2\pi x}\}$

はじめに

　微分方程式は、工業や産業におけるさまざまな分野で、現象を記述したり、解析したりするために利用されます。本書では、工学を学ぶ上で欠かせない微分方程式を基礎からわかりやすく解きすすめます。また、理解を助けるために、図やイラストを多用しました。

　本書のもうひとつの特徴は、本筋の数式のなかに、解説のための説明や数式を青色テキスト、または、吹き出して書き込んであることです。これによって、全体としての論理の流れを見失うことなく、細かい式の変形を理解することができます。

　さらに、すべての問題に詳解が与えられているなど、独習する読者に十分な配慮がなされています。本書により、微分方程式を応用した工学などを学ぶ基礎が身に付くことを願っています。

　最後に、本書を出版するにあたって、企画から編集まで担当された株式会社技術評論社第三編集部に心からの謝意を表します。

2009 年 10 月
潮　秀樹

Contents

第1章
1階線形微分方程式　　7

- **1.1　直接積分形** 8
  - **1.1.1** ● 簡単な関数の積分の公式を使う 10
  - **1.1.2** ● 置換積分 13
  - **1.1.3** ● 部分積分 14
- **1.2　同次方程式** 18
  - **1.2.1** ● 簡単な同次方程式 18
  - **1.2.2** ● 一般的な同次方程式 21
- **1.3　非同次方程式** 24
  - **1.3.1** ● 係数 $f(x)$ が定数である場合 24
  - **1.3.2** ● 係数 $f(x)$ が関数である場合 28

第2章
変数分離形微分方程式と応用　　33

- **2.1　変数分離形微分方程式** 34
  - **2.1.1** ● 単純な変数分離形 35
  - **2.1.2** ● 変数分離形にする 39
- **2.2　置換により変数分離形に帰着できる微分方程式** 46
  - **2.2.1** ● 置換 $u = y + ax + b$ により変数分離形に 46
  - **2.2.2** ● 置換 $u = \frac{y}{x}$ により変数分離形に 54

第3章
ベルヌーイ形微分方程式　　61

- **3.1　ベルヌーイ形微分方程式と解き方** 62

- 3.2 ベルヌーイ形微分方程式 ($k=2$) 63
- 3.3 ベルヌーイ形微分方程式 ($k=3$) 71
- 3.4 ベルヌーイ形微分方程式 ($k=-1$) 79

第4章
1階高次微分方程式　　　　　　　　　　89

- 4.1 1次式の積である場合 90
- 4.2 因数分解できる場合 94

第5章
2階線形同次微分方程式　　　　　　　　99

- 5.1 複素指数関数 100
  - 5.1.1 ● 複素指数関数の定義 100
  - 5.1.2 ● 複素指数関数の積 103
  - 5.1.3 ● 複素指数関数の微分と積分 104
- 5.2 複素平面と極座標表示 106
  - 5.2.1 ● 複素平面 106
  - 5.2.2 ● 複素数の極座標表示 108
  - 5.2.3 ● 複素指数関数を複素平面上で表す 109
- 5.3 特性方程式と一般解 111
  - 5.3.1 ● 複素指数関数を使った微分方程式の解き方 113
- 5.4 実単解の場合 115
- 5.5 複素解の場合 118
- 5.6 重解の場合 123
- 5.7 工学における例 127

第6章
2階線形非同次微分方程式　　　　　　131

- 6.1 一般解と特解 132
- 6.2 簡単な場合の特解の求め方 135
  - 6.2.1 ● 定数形 135

	6.2.2 ● 指数関数形	136
	6.2.3 ● 三角関数形	139
6.3	**微分演算子法による特解の求め方**	147
	6.3.1 ● 微分演算子	147
	6.3.2 ● 逆微分演算子	149
	6.3.3 ● 微分演算子の公式	150
	6.3.4 ● 指数関数形（三角関数形を含む）の特解	157
	6.3.5 ● べき関数形の特解	164
6.4	**ラプラス変換による解の求め方**	167
	6.4.1 ● ラプラス変換	167
	6.4.2 ● ラプラス変換による微分方程式の解法	174
6.5	**工学における例**	183
	6.5.1 ● 交流	183

第7章
高階微分方程式　　185

7.1	**同次方程式の一般解**	186
7.2	**非同次方程式の特解**	189
	7.2.1 ● 非同次項が指数関数	189
	7.2.2 ● 非同次項が三角関数	191
	7.2.3 ● 非同次項がべき関数	192

第8章
オイラーの微分方程式　　195

8.1	**汎関数と変分**	196
8.2	**オイラーの微分方程式**	200

索引 ... 206

第1章

1階微分方程式

> **ポイント**
>
> 　微分に関して1階微分のみを含む方程式を **1階微分方程式** といいます．1階微分方程式が，関数 y と関数の微分 y' に関して1次の項のみを含むとき，**1階線形微分方程式** といいます．本章では1階線形微分方程式 $y' + f(x)y = g(x)$ を取り扱います．

第 1 章　1 階線形微分方程式

1.1 直接積分形

本節では，最も簡単な $y' = g(x)$ という形の微分方程式を取り扱います．この形の微分方程式は，単に両辺を積分することにより，解を求めることができます．

公式 1-1　直接積分形

$$y' = g(x) \text{ の解は} \xrightarrow{\int g(x)\,dx} y = G(x) + C$$

両辺を積分　　　任意定数

$$y' = g(x)$$

両辺を積分

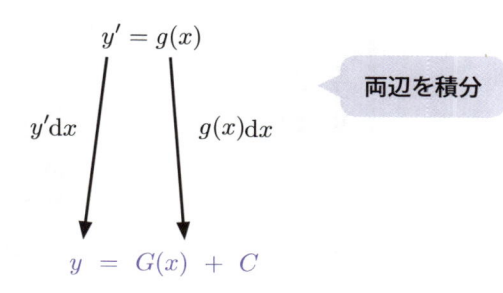

$$y'\,dx \qquad g(x)\,dx$$

$$y = G(x) + C$$

◆図 1-1-1　直接積分のイメージ

ここで，特に簡単な次の微分方程式を解き，解のグラフを描くことにより，一般解について理解しましょう．

$$y' = \frac{1}{2}x \tag{1.1.1}$$

公式1-1に従い，両辺を積分して次の解が得られます．

$$y = \frac{1}{4}x^2 + C \tag{1.1.2}$$

（微分すると$\frac{1}{2}x$になります）

任意定数Cの値を変えてグラフを描くと，**図1-1-2**のようになります．

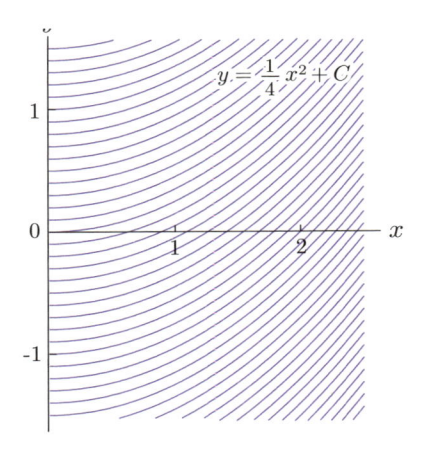

◆**図1-1-2** $y' = \frac{1}{2}x$の解．グラフの$y(0)$の値よりCがわかる$(y(0) = C)$．

$x = 0$におけるyの値$y(0)$が与えられると，この一群のグラフのうちどのグラフが解になるか決まります．

式1.1.2のように，全ての解を含んでいる解を**一般解**といいます．1階の微分方程式の場合，一つの任意定数を含む解が一般解です．

$y(0) = y_0$である時の解は，式1.1.2に$x = 0$を代入して得

られる $y(0) = C$ と与えられた条件式 $y(0) = y_0$ が一致することから求めます．この場合 $C = y_0$ となり，解は $y = \frac{1}{4}x^2 + y_0$ となります．

1.1.1 ● 簡単な関数の積分の公式を使う

簡単な関数の微分と積分について次にまとめます．これを使って，練習問題を解いてください．

公式 1-2　微分と積分の公式

任意定数を省略してあります

$f(x)$ ・・・導関数	$F(x)$ ・・・不定積分
x^n ・・・ $n \neq -1$	$\frac{1}{n+1}x^{n+1}$ （指数が1増える）
$\frac{1}{x}$	$\log|x|$ （自然対数）
e^{ax} a が複素数のとき，第5章参照	$\frac{1}{a}e^{ax}$ （同じ関数）
$\cos(ax)$	$+\frac{1}{a}\sin(ax)$ （符号が不変）
$\sin(ax)$	$-\frac{1}{a}\cos(ax)$ （符号が変化）

練習問題 1-1

公式1-2を使って，両辺を積分することにより，次の微分方程式の一般解を求めましょう．

$$y' = \frac{1}{x^3} \tag{1.1.3}$$

解答

$\frac{1}{x^3} = x^{-3}$ですから，$n = -3$として公式1-2を使うと次のようになります．

$$y = \frac{1}{-3+1} x^{-3+1} + C = -\frac{1}{2x^2} + C \tag{1.1.4}$$

練習問題 1-2

公式1-2を使って，両辺を積分することにより，次の微分方程式の一般解を求めましょう．

$$y' = \frac{1}{x} \tag{1.1.5}$$

解答

$\frac{1}{x} = x^{-1}$ですから，公式1-2の第1番目の式は使えません．第2番目の式を使うと次のようになります．この積分は，変数分離法と併用して，減衰のある運動を考える際，使われます．

$$y = \log|x| + C \tag{1.1.6}$$

練習問題 1-3

公式1-2を使って，両辺を積分することにより，次の微分方程式の一般解を求めましょう．

$$y' = e^{-2x} \tag{1.1.7}$$

解答

公式1-2の第3番目の式を使うと次のようになります．

$$y = -\frac{1}{2}e^{-2x} + C \tag{1.1.8}$$

練習問題 1-4

公式1-2を使って，両辺を積分することにより，次の微分方程式の一般解を求めましょう．

$$y' = 2\cos(3x) \tag{1.1.9}$$

解答

公式1-2の第4番目の式を使うと次のようになります．なお，三角関数は，交流，波，振動などいろいろのところで必要となります．三角関数の微分積分に慣れてください．

$$y = \frac{2}{3}\sin(3x) + C \tag{1.1.10}$$

練習問題 1-5

公式1-2を使って，両辺を積分することにより，次の微分方程式の一般解を求めましょう．

$$y' = \sin(2\pi x) \tag{1.1.11}$$

> **解答**
>
> 公式1-2の第5番目の式を使うと次のようになります．
> $$y = -\frac{1}{2\pi}\cos(2\pi x) + C \tag{1.1.12}$$
> （符号が変化）

1.1.2 ● 置換積分

関数 $y = e^{ax+b}$ を微分すると，$y' = ae^{ax+b}$ となります．このことから，次の積分の式が成り立つことが分かります．

考え方
$(e^{ax})' = ae^{ax}$

$$\int ae^{ax+b}\,\mathrm{d}x = e^{ax+b} + C \tag{1.1.13}$$

この考え方を一般化した方法が**置換積分**です．公式にまとめましょう．

公式1-3 置換積分

式1.1.13の $ax+b$　　式1.1.13の a

$$\int g(u)\,u'(x)\,\mathrm{d}x = \int g(u)\,\mathrm{d}u = G(u)$$

式1.1.13の $e^u = e^{ax+b}$　　式1.1.13では，$\frac{1}{a}e^u = \frac{1}{a}e^{ax+b}$

練習問題 1-6

公式1-3を使って，両辺を積分することにより，次の微分方程式の一般解を求めましょう．

$\exp(x^2)$ と書いてもよい

$$y' = 2x\,e^{x^2} \tag{1.1.14}$$

解 答

$u = x^2$ と置くと，$u' = 2x$，$e^u = e^{x^2}$ ですから，公式1-3を使うと次のようになります．

$$\begin{aligned} y &= \int e^u \,du = e^u + C \\ &= e^{x^2} + C = \exp(x^2) + C \end{aligned} \tag{1.1.15}$$

1.1.3 ● 部分積分

関数 $y = x\,e^{ax} - \dfrac{e^{ax}}{a}$ を微分すると，次のようになります（ただし，$\dfrac{e^{ax}}{a}$ は $\int e^{ax}\,dx$ です）．

$x\,e^{ax}$ の x を微分　　　$-\dfrac{e^{ax}}{a}$ を微分

$$y' = e^{ax} + x\,a e^{ax} - e^{ax} = x\,a e^{ax} \tag{1.1.16}$$

$x\,e^{ax}$ の e^{ax} を微分

このことから，次の積分の式が成り立つことが分かります．

> 右辺を微分した式が被積分関数だから

$$\int x\, a e^{ax}\, \mathrm{d}x = x e^{ax} - \frac{e^{ax}}{a} \qquad (1.1.17)$$
$$= x e^{ax} - \int e^{ax}\, \mathrm{d}x \qquad (1.1.18)$$

この考え方を一般化した積分法が部分積分です．公式にまとめましょう．

公式 1-4　部分積分

> 式 1.1.18 の x　　式 1.1.18 の場合，1 となるので書かれていない

$$\int f(x)\, g(x)\, \mathrm{d}x = f(x) G(x) - \int f'(x)\, G(x)\, \mathrm{d}x$$

> 式 1.1.18 の ae^{ax}　　式 1.1.18 では，e^{ax}

両辺を微分すると一致する（だから，任意定数の差を除いて一致する）．

練習問題 1-7

公式 1-4 を使って，部分積分することにより，次の微分方程式の一般解を求めましょう．

$$y' = x \sin x \qquad (1.1.19)$$

> **解答**
>
> $f(x) = x$, $g(x) = \sin x$ として公式1-4を使うと次のようになります.
>
> $G(x) = -\cos x$ $f'(x) = 1$
>
> $$\begin{aligned} y &= x(-\cos x) - \int 1 \cdot (-\cos x)\,\mathrm{d}x \\ &= -x\cos x + \sin x + C \end{aligned} \qquad (1.1.20)$$

練習問題 1-8

公式1-4を使って，部分積分を2回実行することにより，次の微分方程式の一般解を求めましょう．

$$y' = x^2 \cos x \qquad (1.1.21)$$

> **解答**
>
> $f(x) = x^2$, $g(x) = \cos x$ として公式1-4を使うと次のようになります.
>
> $G(x) = \sin x$ $f'(x) = 2x$
>
> $$y = x^2(\sin x) - \underbrace{\int 2x(\sin x)\,\mathrm{d}x}$$
>
> もう一度，部分積分するか，練習問題1-7を使う
>
> $$ = x^2(\sin x) - 2(-x\cos x + \sin x) + C \qquad (1.1.22)$$
>
> x の何乗であっても同じように解けます．部分積分する回数が増えるだけです．

自由落下運動

質量mの物体が自由落下する運動では，図のように一定の力mgが働き，速度vに対する運動方程式は次のようになります．ただし，tは時刻を表します

$$m\frac{\mathrm{d}v}{\mathrm{d}t} = mg \tag{1.1.23}$$

この方程式は，vをyとし，tをxとすると，本節で学んだ直接積分型になります．

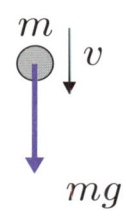

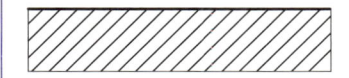

◆図1-1-3　自由落下

1.2 同次方程式

本節では，取り扱いが簡単な $y' + f(x)y = 0$ という形の微分方程式を取り扱います．この形の微分方程式は，y' と y に関する1次の項のみ含むため（0次の項も含まないため），**同次方程式**と呼ばれます．

同次方程式は次章で学ぶ変数分離型の一種ですから，第2章の方法で計算することができます．しかし，ここでは簡略化して解くことにしましょう．つまり，y' と y が比例することから，y が指数関数で表されると予想することにしましょう．

1.2.1 ● 簡単な同次方程式

一番簡単な同次方程式は，$f(x)$ が定数である方程式です．つまり，$y' + ay = 0$ です．指数関数の微分の公式を思い出すと，$(e^{-ax})' = -ae^{-ax}$ が成り立ちます．そうすると，$y = Ce^{-ax}$ が $y' + ay = 0$ の一般解であることは明らかです．

次節の非同次方程式のことを考えて $y(x) = u(x) e^{-ax}$ とおいてみましょう[1]．次の式が成り立ちます．

---

[1] このように置くことは常に可能です．

$$y' + ay = \underbrace{u'(x)\,e^{-ax}}_{u(x)\,e^{-ax} \text{の} u(x) \text{を微分}} + \underbrace{u(x)\,(-a)e^{-ax} + au(x)\,e^{-ax}}_{\text{和をとるとゼロになります}}$$

(ここで $u(x)\,e^{-ax}$ の e^{-ax} を微分)

$$= u'(x)\,e^{-ax} \qquad (1.2.1)$$

微分方程式 $y' + ay = 0$ が成り立つためには，$u'(x) = 0$，つまり，$u(x) = \mathrm{const.}$ です．微分方程式の一般解が，$y = Ce^{-ax}$ であることが確かめられました．

以上を公式にまとめましょう．

公式 1-5　係数が定数である同次方程式

$y' + ay = 0$ の解は $\longrightarrow y = Ce^{-ax}$

$y = u(x)\,e^{-ax}$ とおくと，$y' + ay = u'(x)\,e^{-ax} \therefore u' = 0$

練習問題 1-9

公式 1-5 を使って，次の微分方程式の一般解を求め，グラフを描きましょう．

$$y' + y = 0 \qquad (1.2.2)$$

解答

公式 1-5 を使うと次のようになります．

$$y = C\exp(-x) \qquad (1.2.3)$$

グラフは，**図1-2-1**に示したようになります．$x=0$における値$y(0)$が与えられると，どのグラフが解になるか決まります．

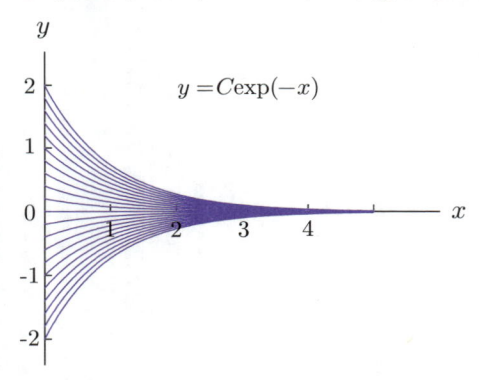

◆ **図1-2-1** $y'+y=0$の解．グラフの$y(0)$の値よりCがわかる $(y(0)=C)$

例えば，$y(0)=y_0$である時の解は，式1.2.3に$x=0$を代入して得られる$y(0)=C$と与えられた条件式$y(0)=y_0$が一致することから求めます．この場合$C=y_0$となり，解は$y=y_0\exp(-x)$となります．

練習問題1-10

公式1-5を使って，次の微分方程式の一般解を求め，グラフを描きましょう．

$$y' - y = 0 \tag{1.2.4}$$

解答

公式1-5を使うと次のようになります．

$$y = C\exp(x) \tag{1.2.5}$$

グラフは，**図1-2-2**に示したようになります．

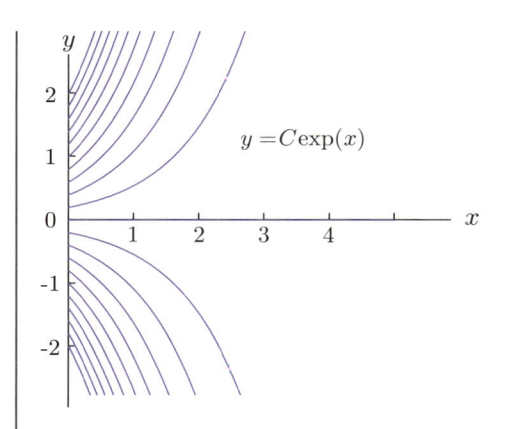

◆図1-2-2　$y'-y=0$の解．グラフの$y(0)$の値よりCがわかる$(y(0)=C)$

　$x=0$における値$y(0)$が与えられると，どのグラフが解になるか決まります．

1.2.2 ● 一般的な同次方程式

　一般的な同次方程式，つまり，$y'+f(x)y=0$を考えましょう．前節で考えた指数関数の指数$-ax$は，$-a$の不定積分と考えることができます．そこで，今回は，指数が$-f(x)$の不定積分である指数関数$e^{-F(x)}$を考えましょう．合成関数の微分により，次のような式が得られます．

$$\left(e^{-F(x)}\right)' = -F'(x)\,e^{-F(x)} = -f(x)\,e^{-F(x)} \quad (1.2.6)$$

（$F'(x)=f(x)$）

　そうすると，$y=e^{-F(x)}$が$y'+f(x)y=0$の一般解であることは明らかです．

　非同次方程式への応用を考えて，$y(x)=u(x)\,e^{-F(x)}$とおいてみましょう．次の式が成り立ちます．

$$y' + f(x)y = \underbrace{u'(x)\,e^{-F(x)} \overbrace{- u(x)f(x)e^{-F(x)} + f(x)u(x)e^{-F(x)}}}$$

（$u(x)e^{-F(x)}$ の $u(x)$ を微分／$u(x)e^{-F(x)}$ の $e^{-F(x)}$ を微分／和をとるとゼロになります）

$$= u'(x)\,e^{-F(x)} \qquad (1.2.7)$$

微分方程式 $y' + f(x)y = 0$ が成り立つためには，$u'(x) = 0$，つまり，$u(x) = \text{const.}$ です．微分方程式の一般解が，$y = Ce^{-F(x)}$ であることが確かめられました．

以上を公式にまとめましょう．

公式1-6 一般の同次方程式

$y' + f(x)y = 0$ の解は $\longrightarrow y = C\,e^{-F(x)}$

$y = u(x)\,e^{-F(x)}$ とおくと，$y' + f(x)y = u'(x)\,e^{-F(x)} \therefore u' = 0$

練習問題 1-11

公式1-6を使って，次の微分方程式の一般解を求めましょう．

$$y' + 2xy = 0 \qquad (1.2.8)$$

解答

公式1-6を使うと次のようになります．

（$-2x$ の不定積分）

$$y = C\,e^{-x^2} = C\exp(-x^2) \qquad (1.2.9)$$

練習問題 1-12

公式1-6を使って，次の微分方程式の一般解を求めましょう．

$$y' + (\sin x)y = 0 \tag{1.2.10}$$

解 答

公式1-6を使うと次のようになります．

$-\sin x$ の不定積分

$$y = C e^{\cos x} = C \exp(\cos x) \tag{1.2.11}$$

コイルと抵抗の回路

コイル（自己インダクタンスL）と抵抗（抵抗R）で組み立てた図のような回路に流れる電流Iは，次のような微分方程式を満たします．

$$L\frac{dI}{dt} + RI = 0 \tag{1.2.12}$$

この式は本節で学んだ同次方程式の例になっています．

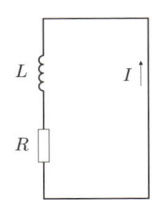

◆図1-2-3　コイルと抵抗

1.3 非同次方程式

本節では，$y' + f(x)y = g(x)$ という形の非同次方程式を取り扱います．この形の微分方程式は，y' と y に関する0次の項 $g(x)$ を含むため**非同次方程式**と呼ばれます．

この形の微分方程式は，1-2節で行った置換を利用して，直接積分形に帰着させることにより解きます．

$$y' + f(x)y = \underline{g(x)}$$

$g(x) = 0$ のとき同次方程式
$g(x) \neq 0$ のとき非同次方程式

◆図1-3-1 イメージ

1.3.1 ● 係数 $f(x)$ が定数である場合

微分方程式 $y' + y = 1$ を考えましょう．公式1-5に倣って，$y = u(x)e^{-x}$ とおくと，次のようになります．

$u(x)e^{-x}$ の $u(x)$ を微分　　$u(x)e^{-x}$ の e^{-x} を微分

$$y' + y = u'(x)e^{-x} + \underline{u(x)(-1e^{-x}) + u(x)e^{-x}}$$

和をとるとゼロになります

$$= u'(x)e^{-x} \tag{1.3.1}$$

微分方程式 $y'+y=1$ を u で表すと，次のようになります．

$$u'(x)\,e^{-x} \;=\; 1$$

両辺に e^x をかけて，

$$u'(x) \;=\; e^x \tag{1.3.2}$$

この直接積分形を解くと次のようになります．

$$\underbrace{y \;=\; (e^x+C)\,e^{-x} \;=\; 1+Ce^{-x}}_{u=e^x+C \text{ を } y=u(x)\,e^{-x} \text{ に代入して}} \tag{1.3.3}$$

この微分方程式だけを解くのであれば，$v=y-1$ と置いて，$v'+v=0$ により解が得られます．ここでは，他への応用を考えて，すこし面倒な方法で解きました．以上を公式にまとめましょう．

公式1-7　係数が定数である非同次方程式

$y=u(x)\,e^{-ax}$ とおくと，$y'+ay=u'(x)\,e^{-ax}$ ∴ $u'=e^{ax}g(x)$

$y'+ay=g(x)$ の解は ⟶ $y=e^{-ax}\underbrace{\int e^{ax}g(x)\,\mathrm{d}x}_{u(x)}$

練習問題 1-13

公式1-7を使って，次の微分方程式の一般解を求めましょう．

$$y'+y=x \tag{1.3.4}$$

解答

公式1-7を使うと次のようになります.

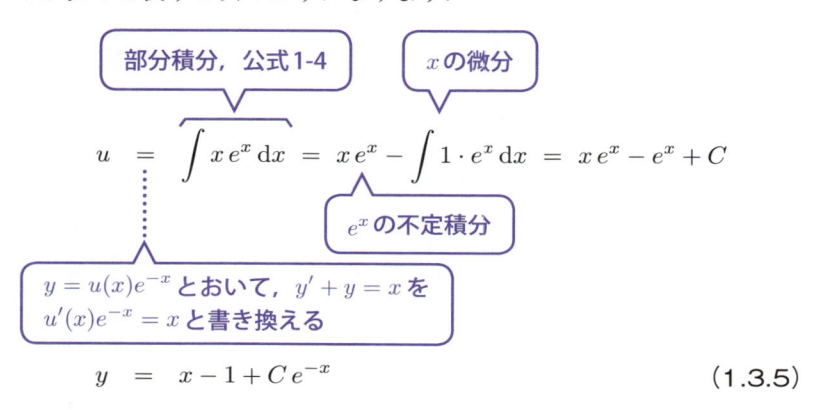

$$u = \int x\,e^x\,\mathrm{d}x = x\,e^x - \int 1\cdot e^x\,\mathrm{d}x = x\,e^x - e^x + C$$

（部分積分，公式1-4 ／ x の微分 ／ e^x の不定積分）

$y = u(x)e^{-x}$ とおいて，$y' + y = x$ を $u'(x)e^{-x} = x$ と書き換える

$$y = x - 1 + C e^{-x} \tag{1.3.5}$$

グラフは**図1-3-2**で与えられます.

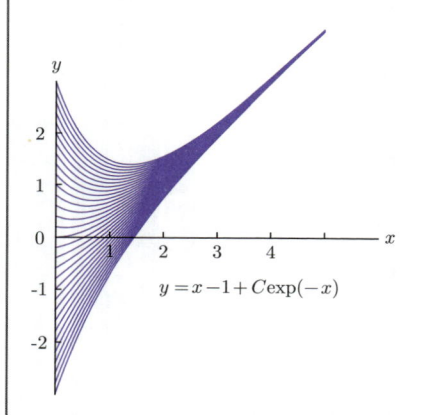

◆図1-3-2　$y' + y = x$ の解．グラフの $y(0)$ の値より C がわかる（$y(0) = -1 + C$）

$y(0)$ の値が与えられるとどのグラフが解になるか決まります．

例えば，$y(0) = y_0$ である時の解は，式1.3.5に $x = 0$ を代入して得られる $y(0) = -1 + C$ と与えられた条件式 $y(0) = y_0$ が一致することから求めます．この場合 $C = y_0 + 1$ となり，解は $y = x - 1 + (y_0 + 1)e^{-x}$ となります．なお，電気回路や振動の問題では，非同次項は，外部から加

えた電圧や力ですから，非同次項が定数の場合と三角関数の場合は特に大切です．

練習問題 1-14

公式 1-7 を使って，次の微分方程式の一般解を求めましょう．
$$y' - y = -x \tag{1.3.6}$$

解答

公式 1-7 を使うと次のようになります．マイナスが3回もかかるので，符号に注意してください．

部分積分，公式 1-4　　e^{-x} の不定積分

$$u = \int (-x) e^{-x} \,\mathrm{d}x = (-x)(-e^{-x}) - \int (-1)\cdot(-e^{-x}) \,\mathrm{d}x$$

$y = u(x)e^x$ とおいて，$y' - y = -x$ を $u'(x)e^x = -x$ と書き換える　　$(-x)$ の微分

$$= x e^{-x} + e^{-x} + C$$

$$y = x + 1 + C e^x \tag{1.3.7}$$

$y = u(x)e^x$

グラフは**図 1-3-3**で与えられます．

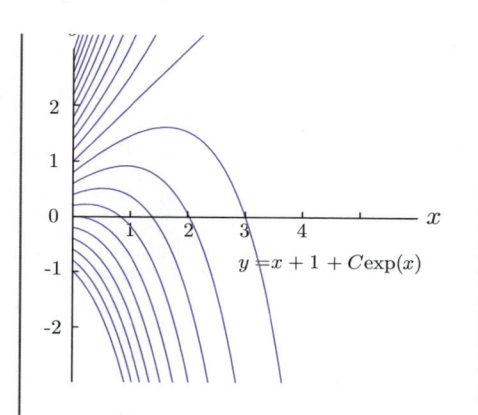

◆ 図1-3-3　$y' - y = -x$ の解．グラフの $y(0)$ の値より C がわかる（$y(0) = 1 + C$）

> **別解**
> $u = y - x - 1$ という置換により，
> $$u' - u = 0$$
> $$\begin{aligned} y' - y + x &= u' + 1 - (u + x + 1) + x \\ &= u' - u \end{aligned}$$

$y(0)$ の値が与えられるとどのグラフが解になるか決まります．

1.3.2 ● 係数 $f(x)$ が関数である場合

一般的な非同次方程式，つまり，$y' + f(x)y = g(x)$ を考えましょう．前節で考えた指数関数の指数 $-ax$ は，$-a$ の不定積分と考えることができます．そこで，今回は，指数が $-f(x)$ の不定積分である指数関数 $e^{-F(x)}$ を考えましょう．そうして，$y(x) = u(x)\,e^{-F(x)}$ とおいてみましょう．次の式が成り立ちます．

$$\begin{aligned} y' + f(x)y &= \underbrace{u'(x)\,e^{-F(x)}}_{u(x)\,e^{-F(x)} \text{の} u(x) \text{を微分}} \underbrace{- u(x)\,f(x)\,e^{-F(x)} + f(x)u(x)\,e^{-F(x)}}_{\text{和をとるとゼロになります}} \\ &= u'(x)\,e^{-F(x)} \end{aligned} \quad (1.3.8)$$

微分方程式 $y' + f(x)y = g(x)$ が成り立つためには，$u'(x) = g(x)e^{F(x)}$ です．直接積分法により，$u(x)$ を求め，$y = u(x)e^{-F(x)}$ により y を求めることができます．以上を公式にまとめましょう．

公式 1-8 　一般の非同次方程式

$y = u(x)e^{-F(x)}$ とおくと，$y' + f(x)y = u'(x)e^{-F(x)} \therefore u' = e^{F(x)}g(x)$

$y' + f(x)y = g(x)$ の解は $\longrightarrow y = e^{-F(x)} \underbrace{\int e^{F(x)} g(x)\,\mathrm{d}x}_{u(x)}$

練習問題 1-15

公式 1-8 を使って，次の微分方程式の一般解を求めましょう．

$$y' + 2xy = 2x \tag{1.3.9}$$

解答

公式 1-8 を使うと次のようになります．

x^2 の導関数　　置換積分，公式 1-3

$$u = \int 2x\, e^{x^2}\,\mathrm{d}x = e^{x^2} + C$$

$y = u(x)e^{-x^2}$ とおいて，$y' + 2xy = 2x$ を $u'(x)e^{-x^2} = 2x$ と書き換える

$$y = 1 + C e^{-x^2} \tag{1.3.10}$$

$y = u(x)e^{-x^2}$

練習問題 1-16

公式1-8を使って，次の微分方程式の一般解を求めましょう．
$$y' + (\sin x)y = \sin x \tag{1.3.11}$$

解答

公式1-8を使うと次のようになります．

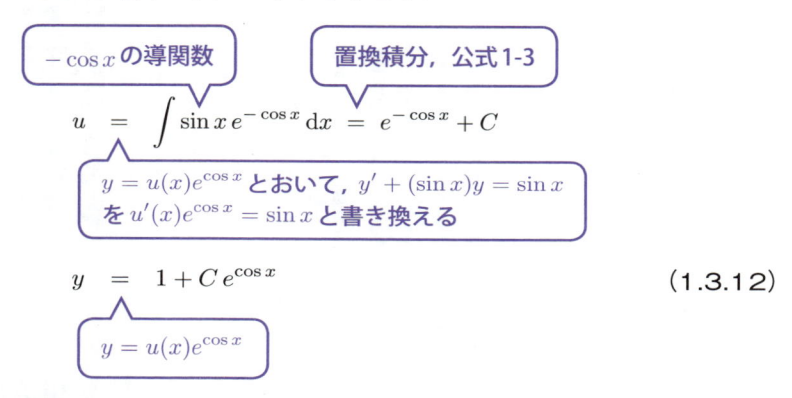

$-\cos x$ の導関数　　　置換積分，公式1-3

$$u = \int \sin x \, e^{-\cos x} \, dx = e^{-\cos x} + C$$

$y = u(x)e^{\cos x}$ とおいて，$y' + (\sin x)y = \sin x$ を $u'(x)e^{\cos x} = \sin x$ と書き換える

$$y = 1 + Ce^{\cos x} \tag{1.3.12}$$

$y = u(x)e^{\cos x}$

練習問題1-15と同様，$u = y - 1$ という置換を思いつけば，簡単に解けます．

$y' + (\sin x)y - \sin x = u' + (\sin x)u$ ですから，解くべき方程式は，

$$u' + (\sin x)u = 0$$

同次方程式になりました．後は書くまでもないでしょう．

練習問題 1-17

公式1-8を使って，次の微分方程式の一般解を求めましょう．
$$y' + 2xy = 2x^3 \tag{1.3.13}$$

解 答

公式1-8を使うと次のようになります．

> $y = u(x)e^{-x^2}$ とおいて，$y' + 2xy = 2x^3$ を $u'(x)e^{-x^2} = 2x^3$ と書き換える

$$u = \int 2x^3 \, e^{x^2} \, dx = \int 2x \, x^2 \, e^{x^2} \, dx$$

> $2x$ は x^2 の導関数

> 置換積分，公式1-3

$$= \int t \, e^t \, dt = te^t - \int e^t dt = te^t - e^t + C = x^2 e^{x^2} - e^{x^2} + C$$

> $x^2 = t$ とおく

> 部分積分，公式1-4

$$y = x^2 - 1 + C \, e^{-x^2}$$

> $y = u(x)e^{-x^2}$

空気抵抗を受けて自由落下する運動

空気抵抗を受けて自由落下する質量mの物体の運動は，重力加速度をg，空気抵抗を$-cv$として，次のような運動方程式で決まります．

$$m\frac{\mathrm{d}v}{\mathrm{d}t} = -cv + mg \tag{1.3.15}$$

時刻tをx，速度vをyと置くと，本節で学んだ非同次方程式になります．

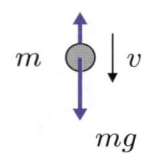

◆図1-3-4　空気抵抗を受けて自由落下

第2章

変数分離形微分方程式と応用

ポイント

本章で取り扱う変数分離形微分方程式は，変数 y と x を左右の辺に分離し，$f(y)y' = g(x)$ という形にすることができる方程式です．

2.1 変数分離形微分方程式

関数 y について高次の項を含んでいるにもかかわらず，比較的容易に解くことができる微分方程式があります．**変数分離形**と呼ばれるこの微分方程式は，$f(y)y' = g(x)$ として両辺を積分することにより解を求めることができます．

微分方程式 $2yy' = 1$ は線形でないため，一見難しそうです．しかし，置換積分により左辺が x で積分できることに気づけば，容易に解くことができます．両辺を x で積分して，$y^2 = x + C$ です．

◆図2-1-1

この解法について公式にまとめておきましょう．

公式2-1　変数分離形の解き方

$$f(y)y' = g(x) \to F(y) = G(x) + C$$

（両辺を積分）

$$\int f(y)y' \, dx = \int f(y) \, dy = F(y)$$

2.1.1 ● 単純な変数分離形

そのまま両辺を積分することにより解を求めることができる単純な変数分離形方程式を考えましょう．

練習問題 2-1

次の微分方程式は変数分離形です．公式2-1を使って，両辺を積分することにより，一般解を求めましょう．
$$2y\,y' = 2x \tag{2.1.1}$$

解 答

そのまま，両辺を積分して次のような解が得られます．
$$y^2 = x^2 + C \tag{2.1.2}$$

$$\int 2y\,y'\,\mathrm{d}x = \int 2y\,\mathrm{d}y = y^2$$

任意定数Cの値を変えてグラフを描くと，**図2-1-2**のようになります．これは双曲線です．$x=0$におけるyの値$y(0)$が与えられると，この一群のグラフのうちどのグラフが解になるか決まります．

$y(0) = y_0$である時の解は，式2.1.2に$x=0$を代入して得られる$\{y(0)\}^2 = C$と与えられた条件式$y(0) = y_0$が一致することから求めます．この場合$C = (y_0)^2$となり，解は$y^2 = x^2 + (y_0)^2$となります．

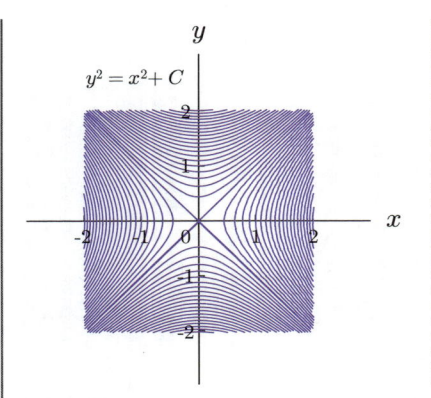

これに対し，$C<0$ の場合，グラフは x 軸を切ります．$y=0$ のときの x の値が $x(0) = \sqrt{-C}$ となります．

◆図2-1-2　$2yy' = 2x$ の解．グラフの $y(0)$ の値より $C>0$ がわかる ($y(0) = \pm\sqrt{C}$)．グラフの $x(y=0)$ の値より $C<0$ がわかる ($x(y=0) = \pm\sqrt{-C}$)

練習問題 2-2

次の微分方程式は変数分離形です．公式2-1を使って，両辺を積分することにより，一般解を求めましょう．

$$2yy' = -\frac{x}{2} \tag{2.1.3}$$

解答

そのまま，両辺を積分して次のような解が得られます．

$$y^2 = -\frac{x^2}{4} + C \tag{2.1.4}$$

$$\int 2yy'\,dx = y^2$$

任意定数 C の値を変えてグラフを描くと，**図2-1-3**のようになります．このグラフは楕円です．$x=0$ における y の値 $y(0)$ が与えられると，この一群のグラフのうちどのグラフが解になるか決まります．

$y(0) = y_0$ である時の解は，式2.1.4に $x=0$ を代入して得られる

$\{y(0)\}^2 = C$ と与えられた条件式 $y(0) = y_0$ が一致することから求めます．この場合 $C = (y_0)^2$ となり，解は $y^2 = -\frac{1}{4}x^2 + (y_0)^2$ となります．

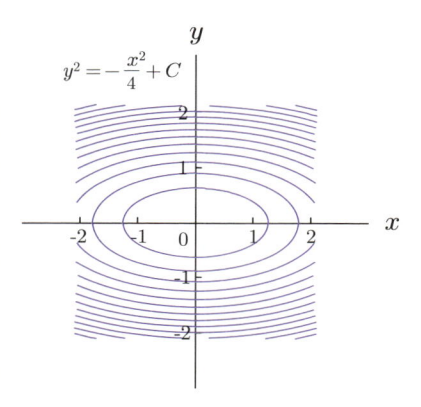

◆図2-1-3　$2yy' = -\frac{x}{2}$ の解．グラフの $y(0)$ の値より C がわかる（$y(0) = \pm\sqrt{C}$）

力学的エネルギー保存則

変数分離形微分方程式の解法と考え方が似ているものに，力学的エネルギー保存則の導出があります．バネの振動の場合で考えてみましょう．質量を m，バネ定数を k，位置を x，速度を $v = \frac{dx}{dt}$ とすると，運動方程式は次のようになります．

> 質量×加速度＝力　という式です

$$m\frac{dv}{dt} = -kx$$

両辺に v をかける（詳しく言うと，左辺に v をかけ，右辺に $\frac{dx}{dt}$ をかけると，次のようにして両辺を積分することができます．まさに，変数分離の考え方と同じですね．

> 両辺を t で積分して，移項すると，

$$mv\frac{dv}{dt} = -kx\frac{dx}{dt}$$

第2章 変数分離形微分方程式と応用

$$m\frac{v^2}{2} + k\frac{x^2}{2} = C$$

（運動エネルギー）
（位置エネルギー）

これが，運動エネルギーと位置エネルギーの和が一定であるというエネルギー保存則です．

練習問題 2-3

次の微分方程式は変数分離形です．公式2-1を使って，両辺を積分することにより，一般解を求めましょう．

$$2y\,y' = 4x^3 \tag{2.1.5}$$

解答

そのまま，両辺を積分して次のような解が得られます．

$$y^2 = x^4 + C \tag{2.1.6}$$

$$\int 2y\,y'\,\mathrm{d}x = y^2$$

練習問題 2-4

次の微分方程式は変数分離形です．公式2-1を使って，両辺を積分することにより，一般解を求めましょう．

$$y^2\,y' = x \tag{2.1.7}$$

解 答

そのまま，両辺を積分して次のような解が得られます．

$$\frac{y^3}{3} = \frac{x^2}{2} + C \qquad (2.1.8)$$

$$\int y^2 y' \, \mathrm{d}x = \frac{y^3}{3}$$

練習問題 2-5

次の微分方程式は変数分離形です．公式2-1を使って，両辺を積分することにより，一般解を求めましょう．

$$e^y y' = x \qquad (2.1.9)$$

解 答

そのまま，両辺を積分して次のような解が得られます．

$$e^y = \frac{x^2}{2} + C$$

$$\int e^y y' \, \mathrm{d}x = e^y$$

$$y = \log\left(\frac{x^2}{2} + C\right) \qquad (2.1.10)$$

2.1.2 ● 変数分離形にする

ここでは，すこし工夫して，$f(y)y' = g(x)$ という形にし，それから両辺を積分して解を求める微分方程式を取り扱います．

公式 2-2　変数分離形にするには

変数 y と x を左右の辺に分離して，$f(y)y' = g(x)$ という形にする．

$$f(y)y' = g(x) \rightarrow F(y) = G(x) + C$$

練習問題 2-6

次の微分方程式は変数分離形に直すことができます．公式 2-2 を使って，一般解を求めましょう．微分してもとの関数に比例する関数になりますから，見ただけで解がわかってほしいところですが，一応，変数分離形の例として解いてください．

$$y' + ay = 0 \qquad (2.1.11)$$

解 答

第2項 ay を右辺に移項し，両辺を y で割ると，変数分離形が得られます．両辺を積分すると解が得られます．

$$\frac{1}{y}y' = -a$$

（両辺を積分する）

$$\log|y| = -ax + C \qquad (2.1.12)$$

（$\frac{1}{y}$ の不定積分）

対数の定義を使って次のように整理できます．

$$y = \pm e^{-ax+C} = \pm C_1 e^{-ax} \qquad (2.1.13)$$

（$C_1 = e^C$）

練習問題 2-7

次の微分方程式は変数分離形に直すことができます．公式2-2を使って，一般解を求めましょう．

$$y' = -\frac{5}{3}\frac{y}{x} \tag{2.1.14}$$

解 答

右辺の y を左辺に移項する（両辺を y で割る）と，変数分離形が得られます．両辺を積分すると解が得られます．

$$\frac{1}{y}y' = -\frac{5}{3}\frac{1}{x}$$

両辺を積分する

$$\log|y| = -\frac{5}{3}\log|x| + C = -\log|x^{\frac{5}{3}}| + C \tag{2.1.15}$$

公式 $a\log x = \log x^a$ を使う

式 $\log|y| + \log|x^{\frac{5}{3}}| = \log\left|y\, x^{\frac{5}{3}}\right|$ と対数の定義を使って次のように整理できます．

$$\left|y\, x^{\frac{5}{3}}\right| = C_1 \tag{2.1.16}$$

$C_1 = e^C$

この微分方程式はヘリウムの断熱変化に対して成り立つ方程式です．後出のコラムを参考にしてください．

練習問題 2-8

次の微分方程式は変数分離形に直すことができます．公式2-2を使って，一般解を求めましょう．

$$y' = 2x(y+1) \tag{2.1.17}$$

解答

右辺の $y+1$ を左辺に移項する（両辺を $y+1$ で割る）と，変数分離形が得られます．両辺を積分すると解が得られます．

$$\frac{1}{y+1} y' = 2x \tag{2.1.18}$$

（両辺を積分する）

$$\log|y+1| = x^2 + C \tag{2.1.19}$$

対数の定義を使って次のように整理できます．

$$y + 1 = \pm e^{x^2+C} = \pm C_1 e^{x^2} \tag{2.1.20}$$

（$C_1 = e^C$）

図2-1-4のようになります．$x=0$ における y の値 $y(0)$ が与えられると，この一群のグラフのうちどのグラフが解になるか決まります．

$y(0) = y_0$ である時の解は，式2.1.20に $x=0$ を代入して得られる $y(0) + 1 = \pm C_1$ と与えられた条件式 $y(0) = y_0$ が一致することから求めます．この場合 $\pm C_1 = y_0 + 1$ となり，解は $y = (y_0 + 1)e^{x^2} - 1$ となります．

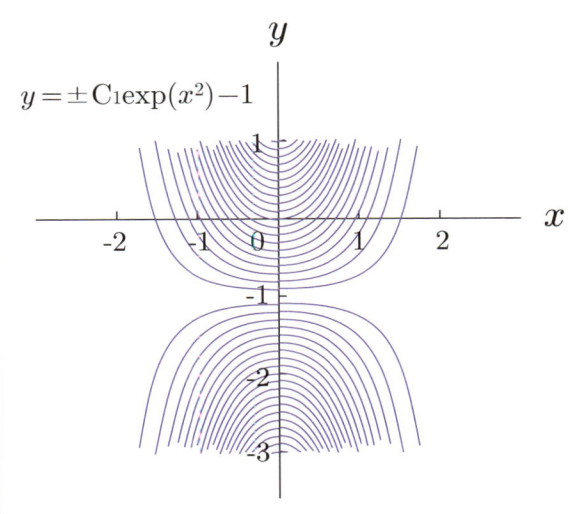

◆図2-1-4　$y' = 2x(y+1)$ の解．グラフの $y(0)$ の値より C がわかる（$y(0) = C_1$）

非同次線形微分方程式と考えて，公式1-7を使うこともできます．試みてください．

練習問題2-9

次の微分方程式は変数分離形に直すことができます．公式2-2を使って，一般解を求めましょう．

$$y' = \sqrt{1-y^2} \tag{2.1.21}$$

解答

両辺を $\sqrt{1-y^2}$ で割ると，変数分離形が得られます．

$$\frac{1}{\sqrt{1-y^2}} y' = 1 \tag{2.1.22}$$

変数yでの積分がすこし難しいですが，$y = \sin u$ $(-\frac{\pi}{2} \leqq u \leqq \frac{\pi}{2})$と置いて，置換積分を利用します．

$$\int \frac{1}{\sqrt{1-y^2}} \, dy = \int \frac{1}{\sqrt{\cos^2 u}} \cos u \, du$$

dyを$\frac{dy}{du} du = \cos u \, du$と置き換えて置換積分する

$-\frac{\pi}{2} \leqq u \leqq \frac{\pi}{2}$では，$\cos u$になる

$$= u + C \tag{2.1.23}$$

この積分が式2.1.22の右辺（つまり1）を積分したものに等しいことから，微分方程式の解は$u = x + C_1$となります．$y = \sin u$を考慮して，答えは次のようになります．

$$y = \sin(x + C_1) \tag{2.1.24}$$

バネの運動

バネの振動を考えるとき，練習問題2-9のタイプの微分方程式を解くことになります．質量をm，バネ定数をk，位置をx，速度を$v = \frac{dx}{dt}$とすると，力学的エネルギー保存則は次のようになります（「コラム 力学的エネルギー保存則」を参照してください）．

$$m\frac{v^2}{2} + k\frac{x^2}{2} = C$$

$v = \frac{dx}{dt}$を思い出すと，次のように書け，この式は，練習問題2-9のタイプの微分方程式です．

$$\frac{dx}{dt} = \sqrt{\frac{2C}{m} - \frac{k}{m}x^2}$$

断熱変化

　音の波により空気が膨張したり縮んだりするとき，短い時間で変化するため，熱の移動が起きる暇がありません．その結果，熱の移動のない変化，断熱変化が起きます．断熱変化では，圧力Pと体積Vの関係は次のようになり，等温変化における関係$PV = \text{const.}$とは違ってきます．

$$V\frac{\mathrm{d}P}{\mathrm{d}V} + \gamma P = 0 \tag{2.1.25}$$

ヘリウムなどでは$\gamma \fallingdotseq \frac{5}{3}$，酸素や水素では$\gamma \fallingdotseq \frac{7}{5}$

　この方程式は，PをyとしVをxとすると，本節で学んだ変数分離形になります．一般解は図のようになります．

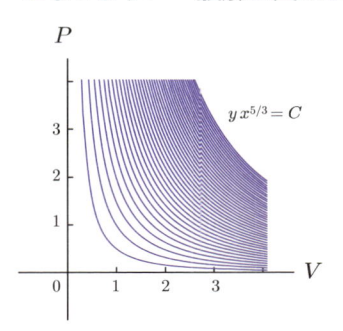

$yx^{5/3} = C$

◆図2-1-5　断熱変化

2.2 置換により変数分離形に帰着できる微分方程式

本章では，置換により変数分離形に帰着できる場合について考えます．具体的には，$y' = f(y + ax + b)$ という形の方程式と $y' = f(\frac{y}{x})$ という形の方程式を取り扱います．このような方程式では，$u = y + ax + b$，$u = \frac{y}{x}$ といった置換で，$u(x)$ に関する変数分離形方程式になります．

2.2.1 • 置換 $u = y + ax + b$ により変数分離形に

置換の式 $u = y + ax + b$ を微分すると，$u' = y' + a$ となります．その結果，微分方程式 $y' = f(y + ax + b)$ は次のように変数分離形に帰着できる方程式となります．

$u' = y' + a$ に $y' = f(u)$ を代入して，

$$u' = f(u) + a \tag{2.2.1}$$

$\dfrac{1}{f(u) + a} u' = 1$ となり，変数分離形になります

この結果を次の公式にまとめましょう．

公式2-3 置換により，$y' = f(y + ax + b)$の解を求める

> $u = y + ax + b$ とおき，$u' = y' + a$ に $y' = f(u)$を代入して，

$$u' = f(u) + a$$

> $\dfrac{1}{f(u) + a} = g(u)$ とおくと，$g(u)u' = 1$ となるから，

$$G(u) = x + C$$

> $G(u)$は $g(u) = \dfrac{1}{f(u) + a}$ の不定積分

練習問題 2-10

次の微分方程式は，1次式の置換 $u = y + x$ により変数分離形に直すことができます．公式2-3を使って，一般解を求めましょう．

$$y' = \frac{1}{y + x} - 1 \tag{2.2.2}$$

解 答

公式2-3に倣って，式 $y + x$ を u とおき，少し変形すると変数分離形が得られます．

$$u' = \frac{1}{u} \tag{2.2.3}$$

> $u' = y' + 1$に $y' = \dfrac{1}{u} - 1$を代入して，

両辺に u をかけて，両辺を x で積分します．次のような解が得られます．

$$\frac{1}{2}(y+x)^2 = x + C \tag{2.2.4}$$

$\int u\,u'\,\mathrm{d}x = \frac{1}{2}u^2$

この式を y について解くと次のようになります.

$$y = -x \pm \sqrt{2x + C_1} \tag{2.2.5}$$

$C_1 = 2C$

図2-2-1のようになります.

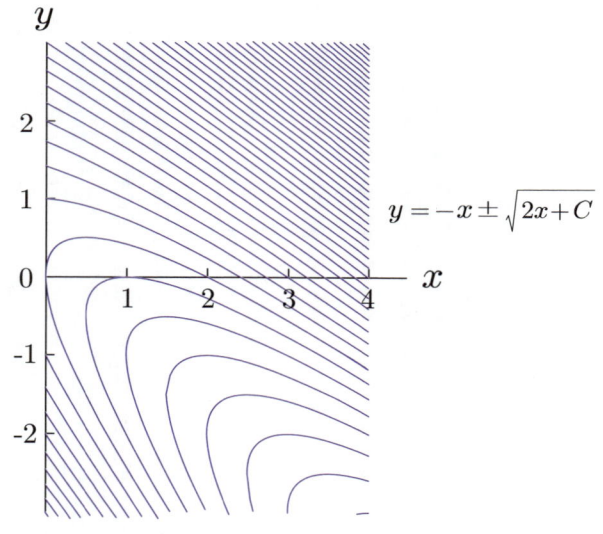

◆ **図2-2-1** $y' = \frac{1}{y+x} - 1$ の解. グラフの $y(0)$ の値より C がわかる ($y(0) = \pm\sqrt{C}$)

$x = 0$ における y の値 $y(0)$ が与えられると, この一群のグラフのうちどのグラフが解になるか決まります.

$y(0) = y_0$ である時の解は, 式2.2.5に $x = 0$ を代入して得られる $y(0) = \pm\sqrt{C_1}$ と与えられた条件式 $y(0) = y_0$ が一致することから求めます. この場合 $C_1 = (y_0)^2$ となり, 解は $y = -x \pm \sqrt{2x + (y_0)^2}$ となります.

練習問題 2-11

次の微分方程式は，置換 $u = y + x$ により変数分離形に直すことができます．公式2-3を使って，一般解を求めましょう．ただし，$f(u) = g(x)$ の形まで導けば結構です．$u = f(x)$ とか $y = f(x)$ まで導く必要はありません．

$$y' = \frac{y+x+1}{y+x} \tag{2.2.6}$$

解 答

公式2-3に倣って，式 $y+x$ を u とおき，少し変形すると変数分離形が得られます．

$$u' = \frac{u+1}{u} + 1 = \frac{2u+1}{u} \tag{2.2.7}$$

$u' = y' + 1$ に $y' = \dfrac{u+1}{u}$ を代入して，

両辺に $\dfrac{u}{2u+1}$ をかけて，両辺を x で積分します．次のような解が得られます．

$$\frac{1}{2}\left(u - \frac{1}{2}\log\left|u + \frac{1}{2}\right|\right) = x + C \tag{2.2.8}$$

$\displaystyle\int \frac{u}{2u+1} u' \, \mathrm{d}x = \int \frac{u}{2u+1} \, \mathrm{d}u = \int \frac{1}{2}\left(1 - \frac{1}{2u+1}\right) \mathrm{d}u$

図2-2-2のようになります．

$$u - \frac{1}{2}\log\left|u + \frac{1}{2}\right| = 2x + C$$

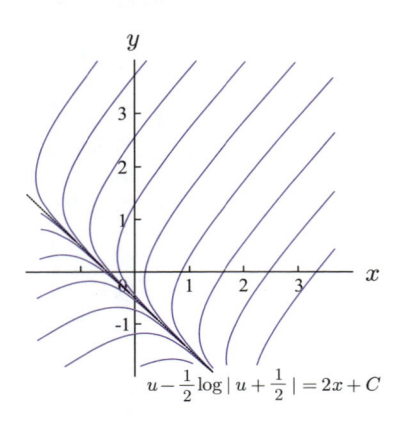

◆図2-2-2　$y' = \frac{y+x+1}{y+x}$ の解

練習問題 2-12

次の微分方程式は，置換 $u = y + 2x$ により変数分離形に直すことができます．公式2-3を使って，一般解を求めましょう．

$$y' = (y + 2x)^{-2} - 2 \tag{2.2.9}$$

解答

公式2-3に倣って，式 $y + 2x$ を u とおき，少し変形すると変数分離形が得られます．

$$u' = u^{-2} \tag{2.2.10}$$

$u' = y' + 2$ に $y' = (y+2x)^{-2} - 2$ を代入して，

両辺に u^2 をかけて，両辺を x で積分します．次のような解が得られます．

$$\underbrace{\frac{1}{3}(y+2x)^3}_{\int u^2 u' \, \mathrm{d}x = \frac{1}{3}u^3} = x + C \tag{2.2.11}$$

この式を y について解くと次のようになります．

$$y = -2x + (3x+C_1)^{\frac{1}{3}} \tag{2.2.12}$$

$C_1 = 3C$

練習問題 2-13

次の微分方程式は，置換 $u = y - x$ により変数分離形に直すことができます．公式 2-3 を使って，一般解を求めましょう．

$$y' = e^{(y-x)} + 1 \tag{2.2.13}$$

解答

公式 2-3 に倣って，式 $y - x$ を u とおき，少し変形すると変数分離形が得られます．

$u' = y' - 1$ に $y' = e^u + 1$ を代入して，

$$u' = e^u \tag{2.2.14}$$

両辺に e^{-u} をかけて，両辺を x で積分します．次のような解が得られます．

$$-e^{-(y-x)} = x + C \quad \left(\int e^{-u} u' \, dx = 1\right) \tag{2.2.15}$$

この式をyについて解くと次のようになります.

$$y = x - \log(-x - C) \quad (-x - C > 0) \tag{2.2.16}$$

図2-2-3のようになります.

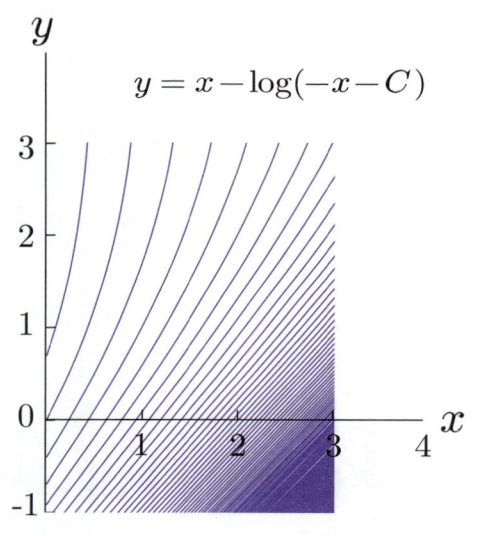

◆図2-2-3　$y' = \frac{1}{y+x} - 1$の解. グラフの$y(0)$の値よりCがわかる ($y(0) = -\log(-C)$)

$x = 0$におけるyの値$y(0)$が与えられると，この一群のグラフのうちどのグラフが解になるか決まります.

$y(0) = y_0$である時の解は，式2.2.16に$x = 0$を代入して得られる$y(0) = -\log(-C)$と与えられた条件式$y(0) = y_0$が一致することから求めます. この場合$-C = e^{-y_0}$となり，解は$y = x - \log(-x + e^{-y_0})$となります.

練習問題 2-14

次の微分方程式は，置換 $u = y + 2x$ により変数分離形に直すことができます．公式2-3を使って，一般解を求めましょう．

$$y' = \frac{1}{\sin(y+2x)} - 2 \tag{2.2.17}$$

解答

公式2-3に倣って，式 $y+2x$ を u とおき，少し変形すると変数分離形が得られます．

$\boxed{u' = y' + 2 \text{ に } y' = \dfrac{1}{\sin u} - 2 \text{ を代入して，}}$

$$u' = \frac{1}{\sin u} \tag{2.2.18}$$

両辺に $\sin u$ をかけて，両辺を x で積分します．次のような解が得られます．

$\boxed{\displaystyle\int \sin u \, u' \, dx = -\cos u}$

$$-\cos(y+2x) = x + C \tag{2.2.19}$$

この式を y について解くと次のようになります．

$$y = -2x + \cos^{-1}(-x - C) \tag{2.2.20}$$

2.2.2 ● 置換 $u = \frac{y}{x}$ により変数分離形に

置換の式 $y = xu$ を微分すると，$y' = u + xu'$ となります．その結果，微分方程式 $y' = f\left(\frac{y}{x}\right)$ は次のように変数分離形に帰着できる方程式となります．

> $xu' = y' - u$ に $y' = f(u)$ を代入して，

$$xu' = f(u) - u \qquad (2.2.21)$$

> $\dfrac{1}{f(u) - u} u' = \dfrac{1}{x}$

この結果を次の公式にまとめましょう．

公式 2-4　**置換 $u = \frac{y}{x}$ により，$y' = f\left(\frac{y}{x}\right)$ の解を求める**

> $u = \frac{y}{x}$ とおき，$y' = f(u)$ に $y' = xu' + u$ を代入して，

$$xu' + u = f(u)$$

> $\dfrac{1}{f(u) - u} = g(u)$ とおくと，$g(u)u' = \dfrac{1}{x}$ となるから，

$$G(u) = \log|x| + C$$

> $G(u)$ は $g(u) = \dfrac{1}{f(u) - u}$ の不定積分

練習問題 2-15

次の微分方程式は，置換 $u = \frac{y}{x}$ により変数分離形に直すことができます．公式2-4を使って，一般解を求めましょう．

$$y' = \frac{y}{x} + 1 \tag{2.2.22}$$

解 答

公式2-3に倣って，式 $\frac{y}{x}$ を u とおき，少し変形すると変数分離形が得られます．

$y' = u + 1$ に $y' = xu' + u$ を代入して，

$$xu' + u = u + 1 \tag{2.2.23}$$

両辺に $-u$ を加えて，両辺を x で割り，次に両辺を x で積分します．次のような解が得られます．

$u' = \dfrac{1}{x}$ より，

$$u = \log|x| + C \tag{2.2.24}$$

この式を y について解くと次のようになります．

$$y = x\log|x| + Cx \tag{2.2.25}$$

図2-2-4のようになります．

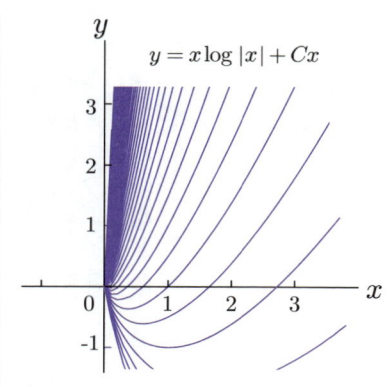

◆図2-2-4　$y' = \frac{y}{x} + 1$ の解．グラフの $y(1)$ の値より C がわかる ($y(1) = C$)

練習問題 2-16

次の微分方程式は，置換 $u = \frac{y}{x}$ により変数分離形に直すことができます．公式 2-4 を使って，一般解を求めましょう．

$$y' = \left(\frac{y}{x}\right)^2 + \frac{y}{x} \tag{2.2.26}$$

解答

公式 2-3 に倣って，式 $\frac{y}{x}$ を u とおき，少し変形すると変数分離形が得られます．

$y' = u^2 + u$ に $y' = xu' + u$ を代入して，

$$xu' + u = u^2 + u \tag{2.2.27}$$

両辺に $-u$ を加えて，両辺を xu^2 で割り，次に両辺を x で積分します．次のような解が得られます．

$$\boxed{\frac{1}{u^2}u' = \frac{1}{x} \text{より,}}$$
$$-\frac{1}{u} = \log|x| + C \tag{2.2.28}$$

この式を y について解くと次のようになります．
$$y = -\frac{x}{\log|x| + C} \tag{2.2.29}$$

練習問題 2-17

次の微分方程式は，置換 $u = \frac{y}{x}$ により変数分離形に直すことができます．公式2-4を使って，一般解を求めましょう．
$$y' = \frac{y}{x} + \frac{x}{y} \tag{2.2.30}$$

解 答

公式2-3に倣って，式 $\frac{y}{x}$ を u とおき，少し変形すると変数分離形が得られます．
$$\boxed{y' = u + \frac{1}{u} \text{に} y' = xu' + u \text{を代入して,}}$$
$$xu' + u = u + \frac{1}{u} \tag{2.2.31}$$

両辺に $-u$ を加えて，両辺を $\frac{x}{u}$ で割り，次に両辺を x で積分します．次のような解が得られます．
$$\boxed{uu' = \frac{1}{x} \text{より,}}$$
$$\frac{u^2}{2} = \log|x| + C \tag{2.2.32}$$

この式を y について解くと次のようになります．
$$y = \pm x\sqrt{2\log|x| + C_1} \tag{2.2.33}$$
$$\boxed{C_1 = 2C}$$

練習問題 2-18

次の微分方程式は，置換 $u = \frac{y}{x}$ により変数分離形に直すことができます．公式2-4を使って，一般解を求めましょう．

$$y' = 2\frac{y}{x} + \frac{x}{y} \tag{2.2.34}$$

解答

公式2-3に倣って，式 $\frac{y}{x}$ を u とおき，少し変形すると変数分離形が得られます．

> $y' = 2u + \frac{1}{u}$ に $y' = xu' + u$ を代入して，

$$xu' + u = 2u + \frac{1}{u} \tag{2.2.35}$$

両辺に $-u$ を加えて，両辺を $x\frac{u^2+1}{u}$ で割り，次に両辺を x で積分します．次のような解が得られます．

> $xu' = u + \frac{1}{u} = \frac{u^2+1}{u}$ より，

$$\int \frac{u}{u^2+1} u' \, \mathrm{d}x = \int \frac{1}{x} \, \mathrm{d}x \tag{2.2.36}$$

左辺の積分は u での積分になりますが，$t = u^2 + 1$ とおいて，もう一度，置換積分をします．

> $\frac{1}{2}\int \frac{1}{t}\,\mathrm{d}t = \int \frac{1}{x}\,\mathrm{d}x$ となるので，

$$\frac{1}{2}\log|t| = \log|x| + C \tag{2.2.37}$$

> $t = u^2 + 1 = \left(\frac{y}{x}\right)^2 + 1$

対数の公式を使って次のようになります．

> $\log|t| - 2\log|x| = 2C$ **より** $\log\left|\dfrac{t}{x^2}\right| = 2C$ **だから，**

$$\frac{\left(\frac{y}{x}\right)^2 + 1}{x^2} = C_1 \quad (2.2.38)$$

> $C_1 = e^{2C}$

この式を整理すると次のようになります．

$$y = \pm x\sqrt{C_1 x^2 - 1} \quad (2.2.39)$$

第3章

ベルヌーイ形微分方程式

ポイント

　本章では，$y' + f(x)y = g(x)y^k \quad (k \neq 0, 1)$ という形の微分方程式，すなわち，**ベルヌーイ形微分方程式**を取り扱います．$k = 0$ であれば，第1章で取り扱った1階線形微分方程式です．

3.1 ベルヌーイ形微分方程式と解き方

ベルヌーイ形微分方程式は次のような微分方程式です．

$$y' + f(x)y = g(x)y^k \qquad \cdots k \neq 0, 1 \qquad (3.1.1)$$

この微分方程式を解くために置換しますが，置換によって $y' \propto y^k u'$ と $y = y^k u$ が同時に成り立てば，式3.1.1を y^k で割って，u に対する1階線形微分方程式が得られます．

$y' \propto y^k u'$ を $y^{-k} y' \propto u'$ と変形して積分すると，積分定数を除いて $y^{-k+1} \propto u$ となります．$y' \propto y^k u'$ と $y = y^k u$ は $u = y^{-k+1}$ という置換により，同時に成り立ちます．

この結果を公式にまとめましょう．

公式3-1　ベルヌーイ形微分方程式の解き方

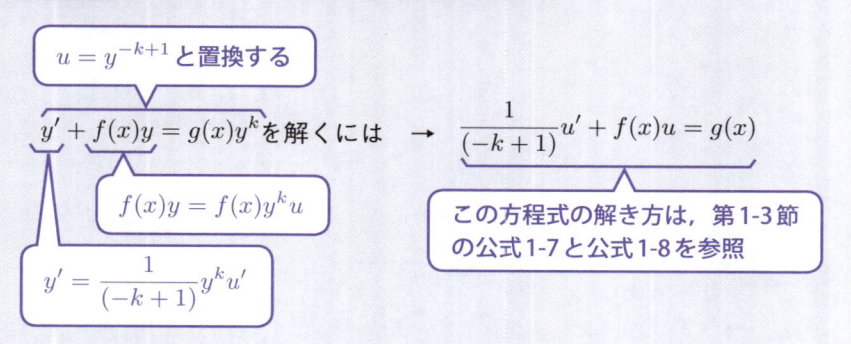

$u = y^{-k+1}$ と置換する

$y' + f(x)y = g(x)y^k$ を解くには　→　$\dfrac{1}{(-k+1)}u' + f(x)u = g(x)$

$f(x)y = f(x)y^k u$

$y' = \dfrac{1}{(-k+1)}y^k u'$

この方程式の解き方は，第1-3節の公式1-7と公式1-8を参照

以下の節では，k の値に応じて，いろいろのベルヌーイ形微分方程式を解いてみましょう．

3.2 ベルヌーイ形微分方程式 ($k=2$)

本節では，$k=2$ のベルヌーイ形微分方程式を取り扱います．次のような微分方程式です．

$$y' + f(x)y = g(x)y^2 \qquad (3.2.1)$$

この微分方程式を解くために $u = y^{-2+1} = y^{-1}$ と置換し，$y' = -y^2 u'$ と $y = y^2 u$ を代入します[(1)]．次に式3.2.1を y^2 で割って，u に対する1階線形微分方程式が得られます．

この結果を公式にまとめましょう．

公式 3-2 ベルヌーイ形微分方程式の解き方

$y' + f(x)y = g(x)y^2$ を解くには → $-u' + f(x)u = g(x)$

$u = y^{-2+1} = y^{-1}$ と置換する

この方程式の解き方は，第1-3節の公式1-7と公式1-8を参照

---

(1) ① $u = y^{-1}$ を微分して $u' = -y^{-2}y'$ とし，両辺を $-y^{-2}$ で割って，左辺と右辺を入れ替え，$y' = -y^2 u'$ が得られます．
② $u = y^{-1}$ の両辺に y^2 をかけ，左辺と右辺を入れ替え $y = y^2 u$ が得られます．

第3章 ベルヌーイ形微分方程式

> **練習問題 3-1**
>
> 公式 3-2 と公式 1-8 を使って，次の微分方程式の一般解を求めましょう．
> $$y' + y = xy^2 \tag{3.2.2}$$

解 答

公式 3-2 に従い，$u = y^{-2+1} = y^{-1}$ と置換することにより，次のような線形微分方程式が得られます．

> $u = y^{-2+1} = y^{-1}$ と置換して，$y' = -y^2 u'$
> と $y = y^2 u$ を代入，両辺を $-y^2$ で割って，

$$u' - u = -x \tag{3.2.3}$$

次に，公式 1-7 に従い，$u = v(x)e^x$ と置くことにより，次のような解が得られます．

> $u = ve^x$ と置換して，$u' = v'e^x + ve^x$
> を式 3.2.3 に代入して，

$$v'e^x = -x \tag{3.2.4}$$

> $v' = -xe^{-x}$ と変数分離して積分

$$v = \int (-x)e^{-x}\,\mathrm{d}x = (-x)\underbrace{(-e^{-x})}_{} - \int \underbrace{(-1)}_{(-x)\text{の微分}} \cdot \underbrace{(-e^{-x})}_{e^{-x}\text{の不定積分}}\,\mathrm{d}x = xe^{-x} + e^{-x} + C$$

部分積分する，公式 1-4

$$u = x + 1 + Ce^x \tag{3.2.5}$$

> $u = ve^x$

最後に，y を求めると次のようになります．

$$y = \frac{1}{x+1+C\,e^x} \tag{3.2.6}$$

$u = y^{-1}$

グラフは，**図3-2-1**に示したようになります．$x=0$ における値 $y(0)$ が与えられると，どのグラフが解になるか決まります．

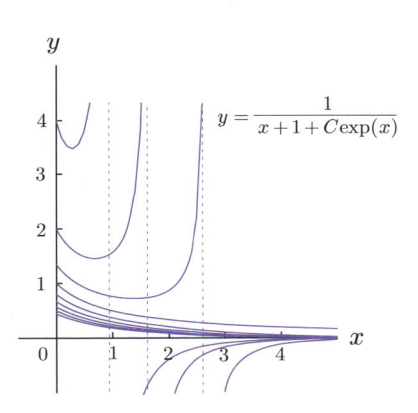

◆**図3-2-1** $y'+y=xy^2$ の解．グラフの $y(0)$ の値より C がわかる $(y(0)=\frac{1}{1+C})$．

練習問題 3-2

公式3-2と公式1-7を使って，次の微分方程式の一般解を求めましょう．
$$y' - y = xy^2 \tag{3.2.7}$$

解 答

公式3-2に従い，$u = y^{-2+1} = y^{-1}$ と置換することにより，次のような線形微分方程式が得られます．

> $u = y^{-2+1} = y^{-1}$ と置換して，$y' = -y^2 u'$
> と $y = y^2 u$ を代入，両辺を $-y^2$ で割って，

$$u' + u = -x \tag{3.2.8}$$

次に，公式1-7に従い，$u = v(x)e^{-x}$ と置くことにより，次のような解が得られます．

> $u = ve^{-x}$ と置換して，$u' = v'e^{-x} - ve^{-x}$
> を式3.2.8に代入して，

$$v' e^{-x} = -x \tag{3.2.9}$$

> $v' = -xe^x$ と変数分離して積分

$$v = \int (-x) e^x \, dx = (-x)(e^x) - \int (-1) \cdot (e^x) \, dx = -xe^x + e^x + C$$

（部分積分する，公式1-4） （$(-x)$の微分） （e^xの不定積分）

$$u = -x + 1 + Ce^{-x} \tag{3.2.10}$$

（$u = ve^{-x}$）

最後に，y を求めると次のようになります．

$$y = \frac{1}{-x + 1 + Ce^{-x}} \tag{3.2.11}$$

（$u = y^{-1}$）

グラフは，**図3-2-2**に示したようになります．$x = 0$ における値 $y(0)$ が与えられると，どのグラフが解になるか決まります．

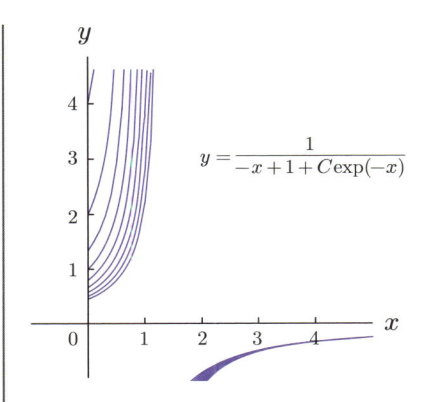

◆図3-2-2　$y' - y = xy^2$ の解．グラフの $y(0)$ の値より C がわかる $(y(0) = \frac{1}{1+C})$.

練習問題 3-3

公式3-2と公式1-8を使って，次の微分方程式の一般解を求めましょう．

$$y' + x^{-1}y = xy^2 \tag{3.2.12}$$

解 答

公式3-2に従い，$u = y^{-2+1} = y^{-1}$ と置換することにより，次のような線形微分方程式が得られます．

> $u = y^{-2+1} = y^{-1}$ と置換して，$y' = -y^2 u'$
> と $y = y^2 u$ を代入, 両辺を $-y^2$ で割って,

$$u' - x^{-1}u = -x \tag{3.2.13}$$

次に，公式1-8に従い，$u = v e^{\log x} = vx$ と置くことにより，次のような解が得られます．

第3章 ベルヌーイ形微分方程式

> $u = vx$と置換して，$u' = v'x + v$
> を式3.2.13に代入して，

$$v'x = -x \tag{3.2.14}$$

> 両辺をxで割って積分し$v = -x + C$を得る

$$u = -x^2 + Cx \tag{3.2.15}$$

最後に，yを求めると次のようになります．

$$y = \frac{1}{-x^2 + Cx} \tag{3.2.16}$$

> $u = y^{-1}$

グラフは，**図3-2-3**に示したようになります．$x=1$における値$y(1)$が与えられると，どのグラフが解になるか決まります．

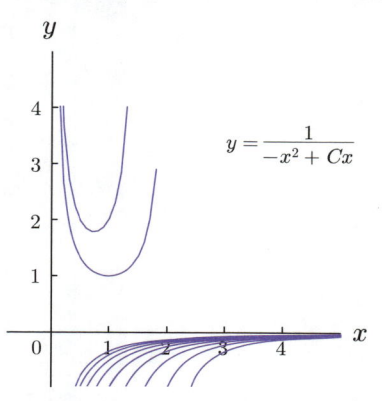

◆図3-2-3　$y' + x^{-1}y = xy^2$の解．グラフの$y(1)$の値よりCがわかる（$y(1) = \frac{1}{-1+C}$）．

練習問題3-4

公式3-2と公式1-8を使って，次の微分方程式の一般解を求めましょう．

$$y' + (\cos x)\, y = (\cos x)\, y^2 \tag{3.2.17}$$

解 答

公式3-2に従い，$u = y^{-2+1} = y^{-1}$ と置換することにより，次のような線形微分方程式が得られます．

> $u = y^{-2+1} = y^{-1}$ と置換して，$y' = -y^2 u'$
> と $y = y^2 u$ を代入，両辺を $-y^2$ で割って，

$$u' - (\cos x) u = -(\cos x) \tag{3.2.18}$$

次に，公式1-8に従い，$u = v(x)e^{\sin x}$ と置くことにより，次のような解が得られます．

> $u = ve^{\sin x}$ と置き，$u' = v'e^{\sin x} + (\cos x)e^{\sin x}v$
> を式3.2.18に代入して，

$$v' e^{\sin x} = -\cos x \tag{3.2.19}$$

> $v' = -(\cos x)e^{-\sin x}$ と変数分離し，$t = \sin x$
> とおいて置換積分

$$\begin{aligned} v &= \int (-\cos x) e^{-\sin x} \, \mathrm{d}x = \int -t' e^{-t} \, \mathrm{d}x \\ &= \int -e^{-t} \, \mathrm{d}t = e^{-t} + C = e^{-\sin x} + C \end{aligned}$$

$$u = 1 + C e^{\sin x} \tag{3.2.20}$$

> $u = v e^{\sin x}$

最後に，y を求めると次のようになります．

$$y = \frac{1}{1 + C e^{\sin x}} \tag{3.2.21}$$

> $u = y^{-1}$

グラフは，**図3-2-4**に示したようになります．

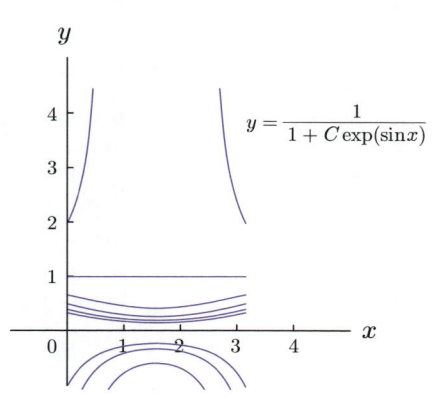

◆**図3-2-4** $y' + (\cos x)y = (\cos x)y^2$ の解．グラフの $y(0)$ の値より C がわかる $(y(0) = \frac{1}{1+C})$．

$x = 0$ における値 $y(0)$ が与えられると，どのグラフが解になるか決まります．

3.3 ベルヌーイ形微分方程式 ($k=3$)

本節では，$k=3$ のベルヌーイ形微分方程式を取り扱います．次のような微分方程式です．

$$y' + f(x)y = g(x)y^3 \tag{3.3.1}$$

この微分方程式を解くために $u = y^{-3+1} = y^{-2}$ と置換し，$y' = -\frac{1}{2}y^3 u'$ と $y = y^3 u$ を代入します[(2)]．次に式3.3.1を y^3 で割って，u に対する1階線形微分方程式が得られます．

この結果を公式にまとめましょう．

公式 3-3　ベルヌーイ形微分方程式の解き方

$u = y^{-3+1} = y^{-2}$ と置換する

$y' + f(x)y = g(x)y^3$ を解くには　→　$-\frac{1}{2}u' + f(x)u = g(x)$

この方程式の解き方は，第1-3節の公式1-7と公式1-8を参照

---

(2) ① $u = y^{-2}$ 微分して $u' = -2y^{-3}y'$ とし，両辺を $-2y^{-3}$ で割って，左辺と右辺を入れ替え，$y' = -\frac{1}{2}y^3 u'$ が得られます．
② $u = y^{-2}$ の両辺に y^3 をかけ，左辺と右辺を入れ替え $y = y^3 u$ が得られます．

練習問題 3-5

公式3-3と公式1-7を使って，次の微分方程式の一般解を求めましょう．
$$y' + y = xy^3 \tag{3.3.2}$$

解 答

公式3-3に従い，$u = y^{-3+1} = y^{-2}$と置換することにより，次のような線形微分方程式が得られます．

> $u = y^{-3+1} = y^{-2}$と置換して，$y' = -\dfrac{1}{2}y^3 u'$ と $y = y^3 u$ を代入，両辺を $-y^3$ で割って，

$$\frac{1}{2}u' - u = -x \tag{3.3.3}$$

次に，公式1-7に従い，$u = v(x)e^{2x}$と置くことにより，次のような解が得られます．

> $u = ve^{2x}$と置き，$u' = v'e^{2x} + 2ve^{2x}$ を式3.3.3に代入して2倍すると，

$$v'e^{2x} = -2x \tag{3.3.4}$$

> $v' = -2xe^{-2x}$と変数分離して積分

$$
\begin{aligned}
v &= \int (-2x)\, e^{-2x}\, \mathrm{d}x = (-2x)\left(-\frac{1}{2}e^{-2x}\right) - \int (-2)\cdot\left(-\frac{1}{2}e^{-2x}\right)\mathrm{d}x \\
&= x e^{-2x} + \frac{1}{2}e^{-2x} + C \\
u &= x + \frac{1}{2} + C e^{2x}
\end{aligned}
\tag{3.3.5}
$$

（部分積分する，公式1-4／$(-2x)$の微分／e^{-2x}の不定積分／$u = ve^{2x}$）

最後に，y を求めると次のようになります．

$$y = \pm \frac{1}{\sqrt{x + \frac{1}{2} + Ce^{2x}}} \tag{3.3.6}$$

$u = y^{-2}$

グラフは，**図3-3-1**に示したようになります．

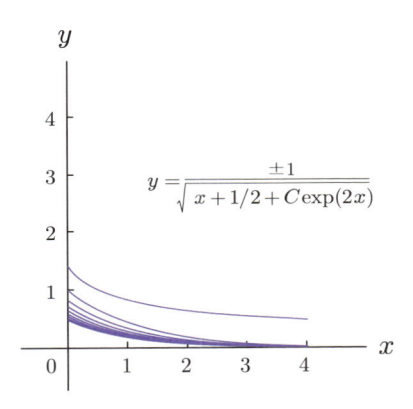

$$y = \frac{\pm 1}{\sqrt{x + 1/2 + C\exp(2x)}}$$

◆**図3-3-1** $y' + y = xy^3$ の解．グラフの $y(0)$ の値より C がわかる ($y(0) = \frac{1}{\sqrt{0.5+C}}$)．

$x = 0$ における値 $y(0)$ が与えられると，どのグラフが解になるか決まります．一つだけグラフが離れていますが，$C = 0$ であるため，減衰しないからです．

練習問題 3-6

公式3-3と公式1-8を使って，次の微分方程式の一般解を求めましょう．

$$y' + xy = xy^3 \tag{3.3.7}$$

解答

公式 3-3 に従い，$u = y^{-3+1} = y^{-2}$ と置換することにより，次のような線形微分方程式が得られます．

> $u = y^{-3+1} = y^{-2}$ と置換して，$y' = -\dfrac{1}{2}y^3 u'$
> と $y = y^3 u$ を代入，両辺を $-\dfrac{1}{2}y^3$ で割って，

$$u' - 2xu = -2x \tag{3.3.8}$$

次に，公式 1-8 に従い，$u = v(x)e^{x^2}$ と置くことにより，次のような解が得られます．

> $u = ve^{x^2}$ と置き，$u' = v'e^{x^2} + v\,2xe^{x^2}$
> を式 3.3.8 に代入して，

$$v'e^{x^2} = -2x \tag{3.3.9}$$

> $v' = -2xe^{-x^2}$ と変数分離し，
> $t = x^2$ とおいて置換積分

$$\begin{aligned}
v &= \int (-2x)\,e^{-x^2}\,\mathrm{d}x = \int -t'\,e^{-t}\,\mathrm{d}x \\
&= \int -e^{-t}\,\mathrm{d}t = e^{-t} + C = e^{-x^2} + C
\end{aligned}$$

$$u = 1 + C\,e^{x^2} \tag{3.3.10}$$

> $u = ve^{x^2}$

最後に，y を求めると次のようになります．

$$y = \pm \dfrac{1}{\sqrt{1 + C\,e^{x^2}}} \tag{3.3.11}$$

> $u = y^{-2}$

グラフは，**図 3-3-2** に示したようになります．

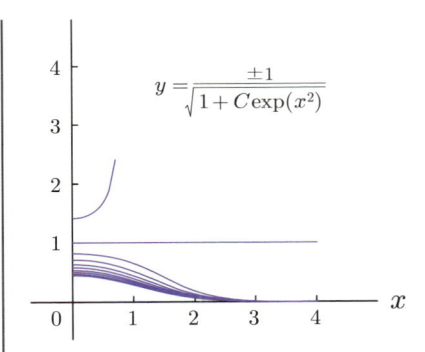

◆図3-3-2 $y' + xy = xy^3$ の解．グラフの $y(0)$ の値より C がわかる ($y(0) = \frac{1}{\sqrt{1+C}}$)．

$x = 0$ における値 $y(0)$ が与えられると，どのグラフが解になるか決まります．

練習問題 3-7

公式 3-3 と公式 1-8 を使って，次の微分方程式の一般解を求めましょう．
$$2y' + x^{-1}y = x^2 y^3 \tag{3.3.12}$$

解 答

公式 3-3 に従い，$u = y^{-3+1} = y^{-2}$ と置換することにより，次のような線形微分方程式が得られます．

> $u = y^{-3+1} = y^{-2}$ と置換して，$y' = -\frac{1}{2}y^3 u'$
> と $y = y^3 u$ を代入，両辺を $-y^3$ で割って，

$$u' - \frac{1}{x}u = -x^2 \tag{3.3.13}$$

次に，公式 1-8 に従い，$u = v(x)e^{\log x} = v(x)\,x$ と置くことにより，次のような解が得られます．

第3章 ベルヌーイ形微分方程式

> $u = vx$ と置き，$u' = v'x + v$ と
> $u = vx$ を式3.3.13に代入して，

$$v'x = -x^2 \tag{3.3.14}$$

> $v' = -x$ と変数分離し積分する

$$v = -\frac{1}{2}x^2 + C$$

$$u = -\frac{1}{2}x^3 + Cx \tag{3.3.15}$$

> $u = vx$

最後に，yを求めると次のようになります．

$$y = \pm \frac{1}{\sqrt{-\frac{1}{2}x^3 + Cx}} \tag{3.3.16}$$

> $u = y^{-2}$

グラフは，図3-3-3に示したようになります．

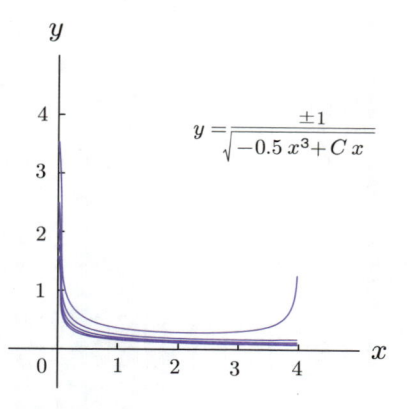

◆図3-3-3　$2y' + x^{-1}y = x^2 y^3$ の解．グラフの $y(1)$ の値より C がわかる（$y(1) = \frac{1}{\sqrt{-0.5+C}}$）．

3-3 ベルヌーイ形微分方程式($k=3$)

$x=1$における値$y(1)$が与えられると，どのグラフが解になるか決まります．

練習問題 3-8

公式3-2と公式1-8を使って，次の微分方程式の一般解を求めましょう．

$$2y' + e^x y = e^x y^3 \tag{3.3.17}$$

解答

公式3-3に従い，$u = y^{-3+1} = y^{-2}$ と置換することにより，次のような線形微分方程式が得られます．

> $u = y^{-3+1} = y^{-2}$と置換して，$y' = -\dfrac{1}{2}y^3 u'$
> と $y = y^3 u$ を代入，両辺を $-y^3$ で割って，

$$u' - e^x u = -e^x \tag{3.3.18}$$

次に，公式1-8に従い，$u = v(x)e^{e^x} = v(x)\exp(e^x)$ と置くことにより，次のような解が得られます．

> $u = v \exp(e^x)$ と置き，$u' = v' \exp(e^x) + e^x v \exp(e^x)$
> と $u = v \exp(e^x)$ を式3.3.18に代入して，

$$v' \exp(e^x) = -e^x \tag{3.3.19}$$

> $v' = -e^x \exp(-e^x)$と変数分離し，$t = e^x$ と
> おいて置換積分

$$\begin{aligned} v &= \int -e^x \exp(-e^x)\,\mathrm{d}x = \int -t' \exp(-t)\,\mathrm{d}x \\ &= \int -e^{-t}\,\mathrm{d}t = e^{-t} + C = \exp(-e^x) + C \end{aligned}$$

$$u = 1 + C\exp(e^x) \qquad (3.3.20)$$

$\boxed{u = v\exp(e^x)}$

最後に，y を求めると次のようになります．

$$y = \pm\frac{1}{\sqrt{1 + C\exp(e^x)}} \qquad (3.3.21)$$

$\boxed{u = y^{-2}}$

グラフは，図3-3-4に示したようになります．

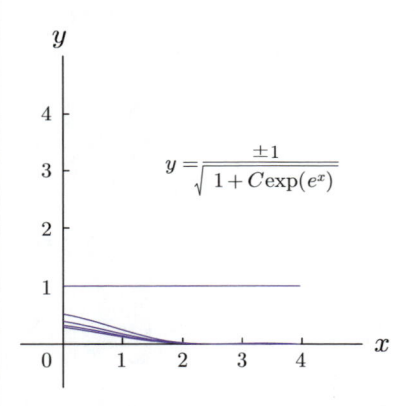

◆図3-3-4 $2y' + e^x y = e^x y^3$ の解．グラフの $y(0)$ の値より C がわかる ($y(0) = \frac{1}{\sqrt{1+Ce}}$)．

$x = 0$ における値 $y(0)$ が与えられると，どのグラフが解になるか決まります．

3.4 ベルヌーイ形微分方程式 ($k = -1$)

本節では，$k = -1$ のベルヌーイ形微分方程式を取り扱います．次のような微分方程式です．

$$y' + f(x)y = g(x)y^{-1} \qquad (3.4.1)$$

この微分方程式を解くために $u = y^{-(-1)+1} = y^2$ と置換し，$y' = \frac{1}{2}y^{-1}u'$ と $y = y^{-1}u$ を代入します[(3)]．次に式3.4.1 を y^{-1} で割って，u に対する1階線形微分方程式が得られます．

この結果を公式にまとめましょう．

公式3-4 ベルヌーイ形微分方程式の解き方

$u = y^{-(-1)+1} = y^2$ と置換する

$y' + f(x)y = g(x)y^{-1}$ を解くには $\rightarrow \underbrace{\frac{1}{2}u' + f(x)u = g(x)}$

この方程式の解き方は，第1-3節の公式1-7と公式1-8を参照

---

(3) ① $u = y^2$ を微分して $u' = 2yy'$ とし，両辺を $2y$ で割って，左辺と右辺を入れ替え，$y' = \frac{1}{2}y^{-1}u'$ が得られます．
② $u = y^2$ の両辺に y^{-1} をかけ，左辺と右辺を入れ替え $y = y^{-1}u$ が得られます．

第3章 ベルヌーイ形微分方程式

> **練習問題 3-9**
>
> 公式3-4と公式1-7を使って，次の微分方程式の一般解を求めましょう．
>
> $$2y' - y = xy^{-1} \tag{3.4.2}$$

解答

公式3-4に従い，$u = y^{-(-1)+1} = y^2$ と置換することにより，次のような線形微分方程式が得られます．

> $u = y^{-(-1)+1} = y^2$ と置換して，$y' = \frac{1}{2}y^{-1}u'$ と $y = y^{-1}u$ を代入，両辺を y^{-1} で割って，

$$u' - u = x \tag{3.4.3}$$

次に，公式1-7に従い，$u = ve^x$ と置くことにより，次のような解が得られます．

> $u = ve^x$ と置き，$u' = v'e^x + ve^x$ を式3.4.3に代入して，

$$v'e^x = x \tag{3.4.4}$$

> $v' = xe^{-x}$ と変数分離して積分
>
> x の微分

$$v = \int xe^{-x}\,dx = x(-e^{-x}) - \int (+1)\cdot(-e^{-x})\,dx$$

> 部分積分する，公式1-4
>
> e^{-x} の不定積分

$$= -xe^{-x} - e^{-x} + C$$
$$u = -x - 1 + Ce^x \tag{3.4.5}$$

> $u = ve^x$

最後に，y を求めると次のようになります．

$$y = \pm\sqrt{-x-1+Ce^x} \qquad (3.4.6)$$

（$u = y^2$）

グラフは，**図3-4-1**に示したようになります．

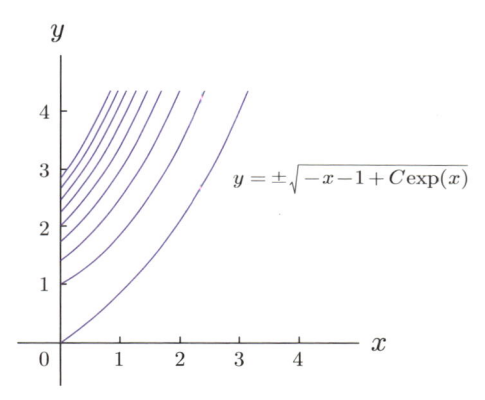

$$y = \pm\sqrt{-x-1+C\exp(x)}$$

◆**図3-4-1** $2y' - y = xy^{-1}$ の解．グラフの $y(0)$ の値より C がわかる（$y(0) = \sqrt{-1+C}$）

$x = 0$ における値 $y(0)$ が与えられると，どのグラフが解になるか決まります．

練習問題3-10

公式3-4と公式1-8を使って，次の微分方程式の一般解を求めましょう．

$$2y' + 3x^2 y = 3x^2 y^{-1} \qquad (3.4.7)$$

解 答

公式3-4に従い，$u = y^{-(-1)+1} = y^2$ と置換することにより，次のような線形微分方程式が得られます．

> $u = y^{-(-1)+1} = y^2$ と置換して，$y' = \dfrac{1}{2}y^{-1}u'$
> と $y = y^{-1}u$ を代入，両辺を y^{-1} で割って，

$$u' + 3x^2 u = 3x^2 \tag{3.4.8}$$

次に，公式1-8に従い，$u = ve^{-x^3} = v\exp(-x^3)$ と置くことにより，次のような解が得られます．

> $u = v\exp(-x^3)$ と置き，$u' = v'\exp(-x^3) - v\,3x^2\exp(x^3)$
> を式3.4.8に代入して，

$$v'\exp(-x^3) = 3x^2 \tag{3.4.9}$$

> $v' = 3x^2\exp(x^3)$ と変数分離し，$t = x^3$
> とおいて置換積分

$$\begin{aligned}
v &= \int 3x^2 \exp(x^3)\,\mathrm{d}x = \int t' \exp(t)\,\mathrm{d}x \\
&= \int e^t\,\mathrm{d}t = e^t + C = \exp(x^3) + C \\
u &= 1 + C\exp(-x^3)
\end{aligned} \tag{3.4.10}$$

> $u = v\exp(-x^3)$

最後に，y を求めると次のようになります．

> $u = y^2$

$$y = \pm\sqrt{1 + C\exp(-x^3)} \tag{3.4.11}$$

グラフは，図3-4-2に示したようになります．

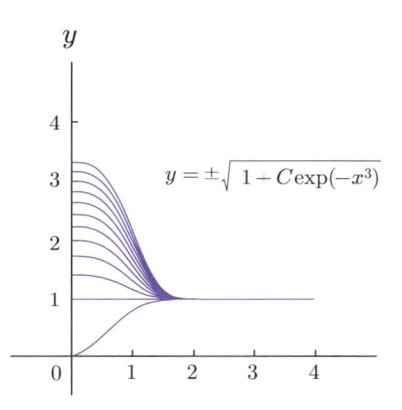

$$y = \pm\sqrt{1 + C\exp(-x^3)}$$

◆図3-4-2　$2y' + 3x^2 y = 3x^2 y^{-1}$の解．グラフの$y(0)$の値より$C$がわかる $(y(0) = \sqrt{1+C})$

$x = 0$における値$y(0)$が与えられると，どのグラフが解になるか決まります．

練習問題 3-11

公式3-4と公式1-8を使って，次の微分方程式の一般解を求めましょう．
$$2y' + x^{-1}y = x^3 y^{-1} \tag{3.4.12}$$

解 答

公式3-4に従い，$u = y^{-(-1)+1} = y^2$ と置換することにより，次のような線形微分方程式が得られます．

> $u = y^{-(-1)+1} = y^2$ と置換して，$y' = \dfrac{1}{2}y^{-1}u'$
> と $y = y^{-1}u$ を代入，両辺を y^{-1} で割って，

$$u' + x^{-1}u = x^3 \tag{3.4.13}$$

次に，公式1-8に従い，$u = ve^{-\log x} = v\frac{1}{x}$ と置くことにより，次のような解が得られます．

> $u = v\frac{1}{x}$ と置き，$u' = v'\frac{1}{x} - v\frac{1}{x^2}$ を式3.4.13に代入して，

$$v'\frac{1}{x} = x^3 \tag{3.4.14}$$

> $v' = x^4$ と変数分離して積分

$$v = \frac{1}{5}x^5 + C$$
$$u = \frac{1}{5}x^4 + C\frac{1}{x} \tag{3.4.15}$$

> $u = v\frac{1}{x}$

最後に，y を求めると次のようになります．

> $u = y^2$

$$y = \pm\sqrt{\frac{1}{5}x^4 + C\frac{1}{x}} \tag{3.4.16}$$

グラフは，**図3-4-3**に示したようになります．

3-4 ■ ベルヌーイ形微分方程式 ($k = -1$)

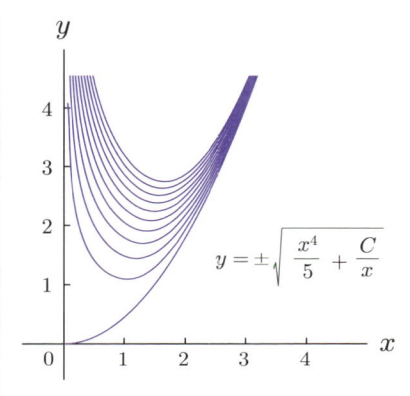

◆図3-4-3　$2y' + x^{-1}y = x^3 y^{-1}$ の解．グラフの $y(1)$ の値より C がわかる ($y(1) = \sqrt{0.2 + C}$)

$y = \pm\sqrt{\dfrac{x^4}{5} + \dfrac{C}{x}}$

$x = 1$ における値 $y(1)$ が与えられると，どのグラフが解になるか決まります．

練習問題 3-12

公式3-4と公式1-8を使って，次の微分方程式の一般解を求めましょう．
$$2y' + (\sin x)\, y = (\sin x)\, y^{-1} \tag{3.4.17}$$

解 答

公式3-4に従い，$u = y^{-(-1)+1} = y^2$ と置換することにより，次のような線形微分方程式が得られます．

（$u = y^{-(-1)+1} = y^2$ と置換して，$y' = \dfrac{1}{2} y^{-1} u'$ と $y = y^{-1} u$ を代入，両辺を y^{-1} で割って，）

$$u' + (\sin x) u = \sin x \tag{3.4.18}$$

次に，公式1-8に従い，$u = ve^{\cos x}$ と置くことにより，次のような解が得られます．

> $u = ve^{\cos x}$ と置き，$u' = v'e^{\cos x} - v(\sin x)e^{\cos x}$ を式3.4.18に代入して，

$$\underbrace{v' e^{\cos x} = \sin x} \tag{3.4.19}$$

> $v' = \sin x \, e^{-\cos x}$ と変数分離し，$t = \cos x$ とおいて置換積分

$$\begin{aligned} v &= \int \sin x \, e^{-\cos x} \, \mathrm{d}x = \int -t' e^{-t} \, \mathrm{d}x \\ &= \int -e^{-t} \, \mathrm{d}t = e^{-t} + C = \exp(-\cos x) + C \end{aligned}$$

$$u = 1 + C \exp(\cos x) \tag{3.4.20}$$

> $u = v \exp(\cos x)$

最後に，y を求めると次のようになります．

> $u = y^2$

$$y = \pm\sqrt{1 + C \exp(\cos x)} \tag{3.4.21}$$

グラフは，図3-4-4に示したようになります．

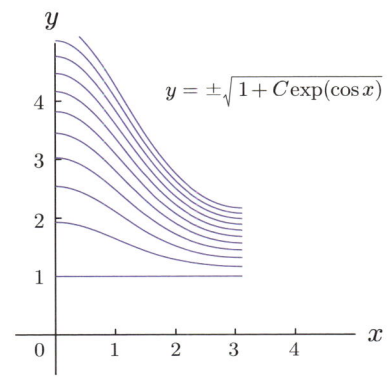

◆図3-4-4　$2y' + (\sin x)\, y = (\sin x)\, y^{-1}$ の解．グラフの $y(\frac{\pi}{2})$ の値より C がわかる $(y(\frac{\pi}{2}) = \sqrt{1+C}\,)$

$x = \frac{\pi}{2}$ における値 $y(\frac{\pi}{2})$ が与えられると，どのグラフが解になるか決まります．

第4章

1階高次微分方程式

ポイント

　本章では，1階微分の2次以上の高次の項を含む微分方程式，すなわち，1階高次微分方程式を取り扱います．

4.1 1次式の積である場合

ここで，**高次微分方程式**として特に簡単な次の微分方程式を解き，解のグラフを描くことにより，高次微分方程式について理解しましょう．

$$\left(y' - \frac{1}{2}x\right)\left(y' + \frac{1}{2}x\right) = 0 \qquad (4.1.1)$$

二つの項の積がゼロであるということは，どちらかの項がゼロということです．

その結果，次の微分方程式が得られます．

$$y' - \frac{1}{2}x = 0 \qquad (4.1.2)$$

or

$$y' + \frac{1}{2}x = 0 \qquad (4.1.3)$$

積分して次の式が得られます．

$$y = \frac{1}{4}x^2 + C \qquad (4.1.4)$$

or

$$y = -\frac{1}{4}x^2 + C \qquad (4.1.5)$$

任意定数Cの値を変えてグラフを描くと，**図4-1-1**のようになります．

◆ 図4-1-1　$\left(y' - \frac{1}{2}x\right)\left(y' + \frac{1}{2}x\right) = 0$ の解．グラフの $y(0)$ の値より C がわかる $(y(0) = C)$

$x = 0$ における y の値 $y(0)$ が与えられると，この一群のグラフのうちどのグラフが解になるか決まります．このグラフは，**図1-1-2** のグラフに，上下反転したグラフを付け加えたグラフになっています．それぞれの C の値（$y(0)$ の値）に対し，解が二つ存在することがわかります．

◆ 図4-1-2　解の存在イメージ

公式4-1　1次式の積である高次微分方程式

$(y' + f_1(x, y))(y' + f_2(x, y)) \cdots (y' + f_n(x, y)) = 0$ の解

→　$y' + f_1(x, y) = 0$　or　$y' + f_2(x, y) = 0$

or ··· or　$y' + f_n(x, y) = 0$

練習問題 4-1

次の1階2次微分方程式を解きましょう．
$$(y' + y)(y' - y) = 0 \tag{4.1.6}$$

解 答

二つの項の積がゼロであるということは，どちらかの項がゼロということです．

その結果，次の微分方程式が得られます．
$$y' + y = 0 \text{ or } y' - y = 0 \tag{4.1.7}$$

公式1-5を使い，練習問題1-9を参照すると，次の式が得られます．
$$Ce^{-x} \text{ or } Ce^{x} \tag{4.1.8}$$

グラフは**図4-1-3**のようになります．$C\exp(-x)$ は C の値によらず，x の大きいところで減衰して x 軸に近づきます．

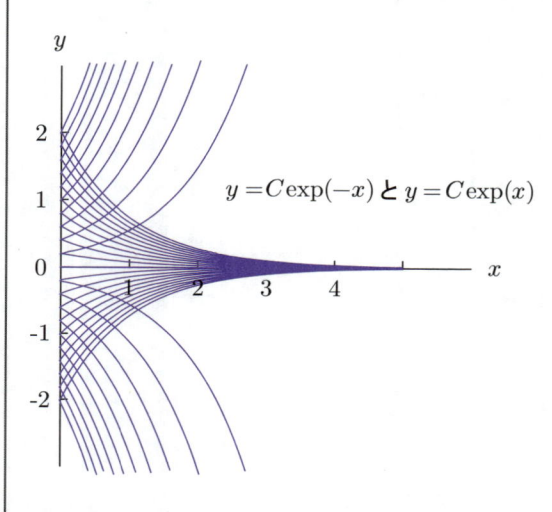

◆図4-1-3　$(y' + y)(y' - y) = 0$ の解

練習問題 4-2

次の1階2次微分方程式を解きましょう．
$$(y' + y - x)(y' - y + x) = 0 \tag{4.1.9}$$

解答

二つの項の積がゼロであるということは，どちらかの項がゼロということです．

その結果，次の微分方程式が得られます．

$$y' + y - x = 0 \text{ or } y' - y + x = 0 \tag{4.1.10}$$

公式1-7を使い，練習問題1-13を参照すると，次の式が得られます．

$$x - 1 + Ce^{-x} \text{ or } x + 1 + Ce^{x} \tag{4.1.11}$$

グラフは**図4-1-4**のようになります．$y = x - 1 + C\exp(-x)$ は C の値によらず，x が大きくなると $y = x - 1$ に近づきます．

$y = x - 1 + C\exp(-x)$ と $y = x + 1 + C\exp(x)$

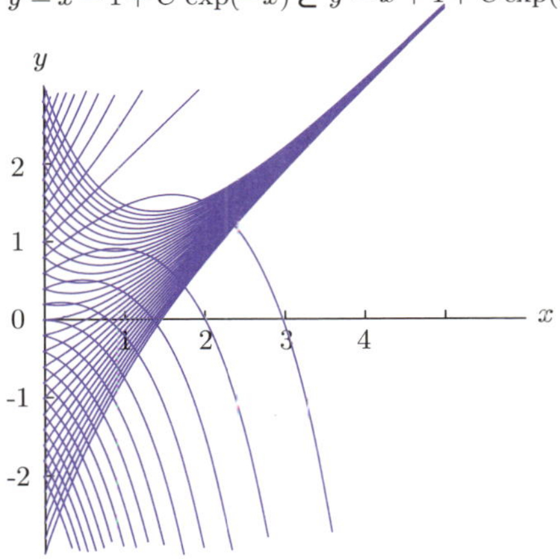

◆**図4-1-4** $(y' + y - x)(y' - y + x) = 0$ の解

4.2 因数分解できる場合

1次式の積でない場合も，因数分解できる場合は前節と同様の取り扱いができます．まず因数分解して，因数分解した項のいずれかがゼロであるということを使って，1次の微分方程式に帰着させます．因数分解するときは，y'について整理して因数分解します．

練習問題 4-3

次の1階2次微分方程式を解きましょう．
$$y^2(y')^2 - x^2 = 0 \tag{4.2.1}$$

解答

因数分解すると次の式が得られます．
$$(yy' - x)(yy' + x) = 0 \tag{4.2.2}$$

$A^2 - B^2$ の形だから．

二つの項の積がゼロであるということは，どちらかの項がゼロということです．

その結果，次の微分方程式が得られます．
$$yy' - x = 0 \quad \text{or} \quad yy' + x = 0 \tag{4.2.3}$$

変数分離形ですから公式2-1を使い，練習問題2-1と練習問題2-2を参照すると，次の式が得られます．
$$y^2 - x^2 = C \quad \text{or} \quad y^2 + x^2 = C \tag{4.2.4}$$

これはよく知られた双曲線と円のグラフです．

グラフは**図4-2-1**のようになります．

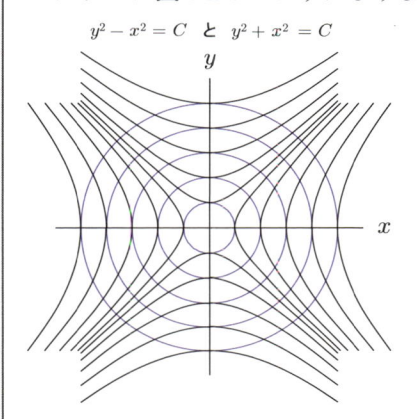

◆図4-2-1　$y^2(y')^2 - x^2 = 0$ の解

練習問題 4-4

次の1階2次微分方程式を解きましょう．

$$(y')^2 - (2y-1)^2 = 0 \tag{4.2.5}$$

解 答

因数分解すると次の式が得られます．

$$(y' + 2y - 1)(y' - 2y + 1) = 0 \quad \left[A^2 - B^2 \text{の形だから，} \right] \tag{4.2.6}$$

二つの項の積がゼロであるということは，どちらかの項がゼロということです．

その結果，次の微分方程式が得られます．

$$y' + 2y - 1 = 0 \quad \text{or} \quad y' - 2y + 1 = 0 \tag{4.2.7}$$

公式1-7を使い，式1.3.3を参照すると，次の式が得られます．

$$y = \frac{1}{2} + Ce^{-2x} \quad \text{or} \quad y = \frac{1}{2} + Ce^{2x} \tag{4.2.8}$$

練習問題 4-5

次の1階2次微分方程式を解きましょう．
$$(y')^2 + y' - y^2 + 3y - 2 = 0 \tag{4.2.9}$$

解答

因数分解すると次の式が得られます．

$$(y' + y - 1)(y' - y + 2) = 0 \tag{4.2.10}$$

$-y^2 + 3y - 2 = -(y-1)(y-2)$ **だから，**

二つの項の積がゼロであるということは，どちらかの項がゼロということです．

その結果，次の微分方程式が得られます．

$$y' + y - 1 = 0 \quad \text{or} \quad y' - y + 2 = 0 \tag{4.2.11}$$

公式1-7を使い，式1.3.3を参照すると，次の式が得られます．

$$y = 1 + Ce^{-x} \quad \text{or} \quad y = 2 + Ce^{x} \tag{4.2.12}$$

練習問題 4-6

次の1階2次微分方程式を解きましょう．
$$(y')^2 + y^2 = 0 \tag{4.2.13}$$

解答

因数分解すると次の式が得られます．

$$(y' + iy)(y' - iy) = 0 \quad \boxed{A^2 - B^2 \text{の形だから，}} \tag{4.2.14}$$

二つの項の積がゼロであるということは，どちらかの項がゼロということです．

その結果，次の微分方程式が得られます．

$$y' + iy = 0 \quad \text{or} \quad y' - iy = 0 \tag{4.2.15}$$

変数分離形ですから公式2-1を使い，練習問題2-1と練習問題2-6を参照すると，次の式が得られます．

$$y = Ce^{-ix} \quad \text{or} \quad y = Ce^{ix} \tag{4.2.16}$$

第5章

2階線形同次微分方程式

ポイント

　工学において，2階線形同次微分方程式は重要です．本章では，複素指数関数を利用して，2階線形同次微分方程式の解を求めます．複素指数関数を使うことのメリットは，微分積分を含む式が単純化されることです．

第5章 2階線形同次微分方程式

5.1 複素指数関数

指数関数 $e^{\alpha x}$ の $\alpha = a + ib$ が複素数であるとき，**複素指数関数**と呼びます．複素指数関数は指数関数と三角関数を使って定義されます．

例えば，α が純虚数（すなわち $\alpha = ib$）である場合を考えましょう．この場合，e^{ibx} は，実数部が $\cos x$ であり，虚数部が $\sin x$ です．

三角関数そのものといってもよいのですが，複素指数関数を使うと大変便利です．三角関数の積は，加法定理を応用した面倒な積を和に直す公式を使う必要がありますが，複素指数関数の積は，指数関数の積と同じシンプルな公式が成立します．

微分積分についても，三角関数は微分すると $\sin$ が $\cos$ に変わったりして，微分方程式を解くときに複雑になります．それに反し，複素指数関数を微分すると，指数関数と同様，$\frac{d}{dx}e^{\alpha x} = \alpha e^{\alpha x}$ となり，単に数を掛けるだけになります．このことは，微分方程式を解く上で，非常にありがたいことです．

5.1.1 ● 複素指数関数の定義

指数が純虚数であるとき，複素指数関数 e^{ibx} は公式 5-1 のように定義されます．複素指数関数は，積とか微分とかの演算では指数関数と同様の公式が成り立ちます．しかし，図 5-1-1 のグラフを見ると分かるように，関数形は三角関数で

す．関数の表しているものは，指数関数というよりはむしろ，三角関数という感じです．

公式5-1　複素指数関数の定義

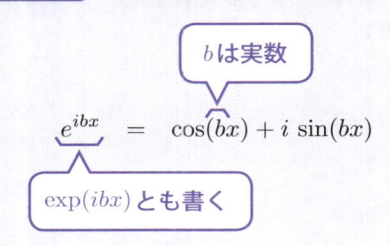

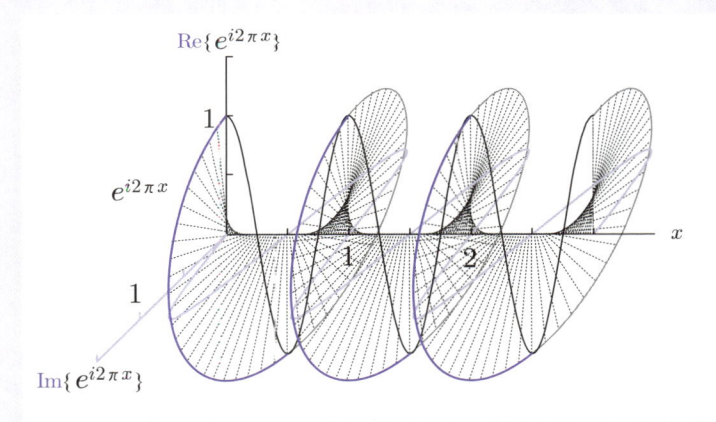

$$e^{ibx} = \cos(bx) + i\sin(bx)$$

(bは実数，$\exp(ibx)$とも書く)

◆図5-1-1　複素指数関数のグラフ（純虚数の場合）
虚数部分が正である部分は青色で描きました

図5-1-1では，横軸をx軸とし，複素指数関数の実数部分を縦軸（y軸）に，複素指数関数の虚数部分を手前方向の軸（z軸）にとりました．つまり，複素指数関数をx軸に垂直な平面内（y-z面内）で表した立体的な図です．

この図から，複素指数関数の性質がよく理解できます．変数xが変化したとき，（指数が純虚数の場合）大きさが変わらず，y-z面内での方向が変化します．また，このグラフを

x-y 面に投影したものが複素指数関数の実数部分（すなわち $\cos bx$）となり，x-z 面に投影したものが複素指数関数の虚数部分（すなわち $\sin bx$）となります．

次は，指数が純虚数でない場合を考えましょう．複素指数関数 $e^{(a+ib)x}$ は公式5-2のように定義されます．複素指数関数は，積とか微分とかの演算では指数関数と同様の公式が成り立ちます．しかし，**図5-1-2**のグラフを見ると分かるように，関数形は減衰する三角関数です．関数の表しているものは，指数関数というよりはむしろ，三角関数という感じです．

公式5-2 複素指数関数の定義

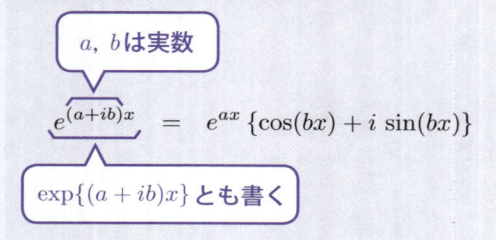

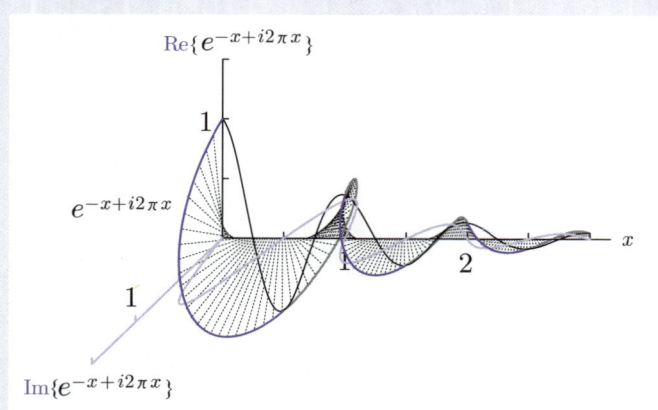

a, b は実数

$$e^{(a+ib)x} = e^{ax}\{\cos(bx) + i\sin(bx)\}$$

$\exp\{(a+ib)x\}$ とも書く

◆図5-1-2 複素指数関数のグラフ．虚数部分が正である部分は青色で描きました

この図から，複素指数関数の性質がよく理解できます．変数xが変化したとき，(aが負であれば) 大きさが減衰しつつ，y-z面内での方向が変化します．また，このグラフをx-y面に投影したものが複素指数関数の実数部分 (すなわち$e^{ax}\cos bx$) となり，x-z面に投影したものが複素指数関数の虚数部分 (すなわち$e^{ax}\sin bx$) となります．現実の世界でよく見られる減衰する振動を表すのに最も適した関数です．

5.1.2 ● 複素指数関数の積

三角関数の加法定理は，なかなか複雑で覚えにくいものです．それに引き換え，複素指数関数の積の公式5-3は，とても覚えやすい公式です．実質的には加法定理の公式を含んでいますから，加法定理を覚えるのが苦手な人は，複素指数関数の積の公式5-3を覚えてしまうのがよいかもしれません．

公式 5-3 　**複素指数関数の積の公式**

α, βは複素数

$$e^{(\alpha+\beta)x} = e^{\alpha x}e^{\beta x}$$

$\alpha = ib_1$, $\beta = ib_2$のとき，加法定理と一致

係数が純虚数のとき，加法定理[1]が導かれます．$\{\cos(b_1 x) + i\sin(b_1 x)\}$ と $\{\cos(b_2 x) + i\sin(b_2 x)\}$ の積を計算して，実数部分と虚数部分を取ることにより導かれます．逆

---

(1) $\cos\{(b_1+b_2)x\} = \cos(b_1 x)\cos(b_2 x) - \sin(b_1 x)\sin(b_2 x)$ (実数部分)
　　$\sin\{(b_1+b_2)x\} = \sin(b_1 x)\cos(b_2 x) + \cos(b_1 x)\sin(b_2 x)$ (虚数部分)

に加法定理が既知であれば，公式5-3を導くことができます．

> **練習問題 5-1**
>
> 公式5-2を使って，公式5-3を導きましょう．実数の指数関数に関する積の公式と加法定理（脚注）は既知とします．

解 答

公式5-2を使って，次のように証明できます．次の式の1行目の式を加法定理で変換した式と，2行目の式の積を計算した式が一致します．

$$e^{(\alpha+\beta)x} = \overbrace{e^{\{(a_1+ib_1)+(a_2+ib_2)\}x}}^{} = e^{(a_1+a_2)x}[\cos\{(b_1+b_2)x\} + i\sin\{(b_1+b_2)\}x]$$

> 1行目の式は加法定理により，2行目の式は積の計算により
> $\cos(b_1 x)\cos(b_2 x) - \sin(b_1 x)\sin(b_2 x)$
> $+ i\{\sin(b_1 x)\cos(b_2 x) + \cos(b_1 x)\sin(b_2 x)\}$ に一致する．

$$= e^{a_1 x} e^{a_2 x} \{\cos(b_1 x) + i\sin(b_1 x)\}\{\cos(b_2 x) + i\sin(b_2 x)\}$$

$$= e^{\alpha x} e^{\beta x} \tag{5.1.1}$$

5.1.3・複素指数関数の微分と積分

複素指数関数の微分積分も実数指数関数の微分積分と同じ公式が成り立ちます．三角関数の微分積分よりもシンプルです．

公式 5-4 複素指数関数の微分と積分の公式

$$(e^{\alpha x})' = \underset{\text{複素数}}{\alpha} e^{\alpha x}$$

$$\int e^{\alpha x}\, dx = \frac{1}{\alpha} e^{\alpha x} + C$$

この公式も定義式（公式5-2）と三角関数，実数指数関数の微分積分の公式から導かれます．

練習問題 5-2

三角関数，実数指数関数の微分積分の公式と複素指数関数の定義式を使って，公式5-4の微分の公式を導きましょう．

解 答

定義式を微分して，次式が得られます．

$e^{(a+ib)x} = e^{ax}\{\cos(bx) + i\sin(bx)\}$ の右辺を積の微分をして，

$$(e^{\alpha x})' = a\, e^{ax}\{\cos(bx) + i\sin(bx)\} + \underline{e^{ax}\{-b\sin(bx) + ib\cos(bx)\}}$$

$\underline{ib\, e^{ax}\{\cos(bx) + i\sin(bx)\}}$ に等しい

$$= \alpha\, e^{\alpha x} \tag{5.1.2}$$

5.2 複素平面と極座標表示

本節では，複素数を平面上の点で表したり，複素数を**極座標**で表したりします．この表示は，交流理論において重要な役割を果たします．

前節の**図5-1-1**と**図5-1-2**においても，複素数を平面上の点で表しています．これらの図においては，実数部分をy軸（縦軸）にとり，虚数部分をz軸（手前方向の軸）にとりました．

5.2.1 ● 複素平面

実数を直線上の点で表すことにより，見通しを良くすることが行われます．複素数の場合，実数部分と虚数部分がありますから，平面上の点で表すのが便利です．通常，実数部分を横軸にとり，虚数部分を縦軸にとって表します．この平面を**複素平面**といいます．

> **公式5-5　複素平面での表示**
> $\alpha = a + ib$ は，複素平面上で，点 (a, b) で表されます．
> $\alpha = \underbrace{re^{i\theta}}_{r\cos\theta + i\sin\theta}$ （複素平面上で，原点から θ 方向に，距離 r の点）

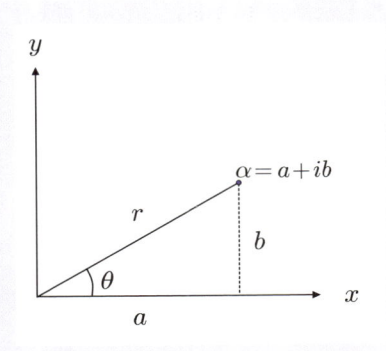

◆ 図5-2-1　複素平面

次に，複素数の積が複素平面上でのどのような操作に相当するかを調べる例題を考えましょう．この結果を利用して，複素指数関数の位相を $\frac{\pi}{2}$ ずらす操作が $\pm i$ を掛けることと同じことであることが分かり，コイルやコンデンサの**複素インピーダンス**という考え方につながります．

練習問題 5-3

複素数の積 $\alpha\alpha'$ が複素平面上で表示されるとき，元の複素数 α および α' とどのような関係になるか調べましょう．

解答

極座標表示にするのが分かりやすい方法です．$\alpha = re^{i\theta}$，$\alpha' = r'e^{i\theta'}$ とすると $\alpha\alpha' = rr'\,e^{i(\theta+\theta')}$ ですから，**図5-2-2**のようになります．

第5章 2階線形同次微分方程式

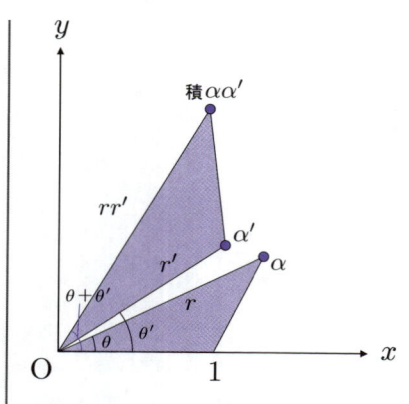

◆図5-2-2　積と複素平面での操作

原点と1とαの三角形が，原点とα'と$\alpha\alpha'$の三角形に相似になります．

練習問題の結果，$i = e^{i\frac{\pi}{2}}$を掛けると，大きさは同じで，$\frac{\pi}{2}$回転させることが分かります．この結果を応用した考え方がコイルやコンデンサの複素インピーダンスです．

5.2.2 ● 複素数の極座標表示

図5-2-1の複素平面での表示により容易に納得できますが，複素数の極座標表示に関する公式を挙げておきます．この公式は，交流回路など2階線形微分方程式を複素指数関数を応用して解く場合において利用されます．

公式 5-5　複素平面での表示

$a + ib$ を極座標表示 $re^{i\theta}$ に変換するとき,

$$r = \sqrt{a^2 + b^2}$$
$$\theta = \tan^{-1} \frac{b}{a}$$

練習問題 5-4

次の複素数を極座標表示に直しましょう.

$$\alpha = \frac{1}{a + ib} \tag{5.2.1}$$

解答

複素数を $\alpha = re^{i\theta}$ と置くと, 公式 5-6 より, 次式が得られます.

$$\boxed{\frac{1}{a+ib} = \frac{a-ib}{(a+ib)(a-ib)} = \frac{a-ib}{a^2+b^2}}$$

$$r = \sqrt{\left(\frac{a}{a^2+b^2}\right)^2 + \left(\frac{b}{a^2+b^2}\right)^2} = \frac{1}{\sqrt{a^2+b^2}}$$

$$\theta = -\tan^{-1} \frac{b}{a} \tag{5.2.2}$$

$$\boxed{\tan(-\theta) = -\tan\theta}$$

5.2.3 ● 複素指数関数を複素平面上で表す

本節では, 複素平面を x-y 平面としますから, 独立変数を x ではなく t とします. 複素指数関数 e^{it} は, t が変化すると, 値が変わります. 複素指数関数 e^{it} を表す複素平面上の点は,

t と共に移動します．複素指数関数の複素平面上での動きについて考えましょう．これは，**図5-1-1**の螺旋を y-z 面に投影することに対応します．

> **練習問題 5-5**
>
> 次の複素指数関数は，t と共に，どのように動くでしょう．よく応用されるのが<u>交流理論</u>ですから，関数を表す記号を複素電圧を表す $\dot{V}$ としました．
>
> $$\dot{V}(t) = V_0 \exp\left(2\pi i \frac{t}{T}\right) \tag{5.2.3}$$
>
> （$\dot{V}(t)$：複素数の関数，V_0：定数，T は定数（周期を表す））

> **解 答**
>
> 公式5-5の r が V_0（一定）であり，θ が $\frac{2\pi t}{T}$ です．この複素関数が表している点は，t が増えると共に円周上を左に回転し，$t = T$ において，一周します（$\theta = 2\pi$ となります）．
>
> ◆図5-2-3　複素関数を複素平面上で表す

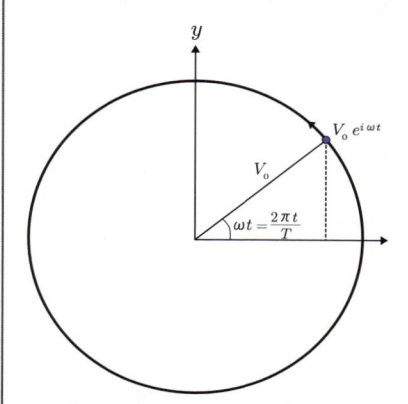

5.3 特性方程式と一般解

　複素指数関数の微分積分がシンプルであることから，微分方程式を解く際にも，複素指数関数が利用されます．

　ところで，2階微分方程式 $y'' + y = 0$ の解は，2階微分した関数が元の関数にマイナスをかけた物になることから，$\sin x$ と $\cos x$ が解となり，この1次結合である次式が，二つの任意定数を持つ解，すなわち，一般解であることが分かります．

$$y = C_1 \cos x + C_2 \sin x \tag{5.3.1}$$

C_1, C_2 を変化させたときのグラフを**図5-3-1**に示しました．

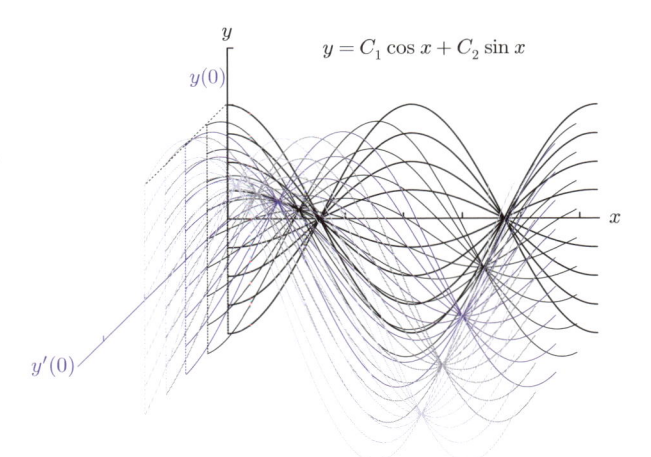

◆図5-3-1　減衰がないときの一般解 $y'' + y = 0$

連立方程式

本書では取り扱う余裕がありませんが，連立微分方程式は行列と関連した興味あるテーマです．このコラムでは，非常に簡単な次のような連立微分方程式を取り上げたいと思います．参考といった感じで気楽に読んでください．

$$y_1'' + 2y_1 - y_2 = 0$$
$$y_2'' - y_1 + 2y_2 = 0$$

$y_1 = Y_1 e^{i\omega x}, y_2 = Y_2 e^{i\omega x}$ を代入してみます．ただし，Y_1, Y_2 は定数です．両辺を $e^{i\omega x}$ で割って，次式が得られます．

$$-\omega^2 Y_1 + 2Y_1 - Y_2 = 0 \quad \cdots (1)$$
$$-\omega^2 Y_2 - Y_1 + 2Y_2 = 0 \quad \cdots (2)$$

$Y_1 = Y_2 = 0$ なら，この式が成り立つのは当然ですが，そうでない解を求めたいのです．そのためには，(1) と (2) が同じ式になる必要があります．そうでなければ，連立方程式 (1) と (2) は $Y_1 = Y_2 = 0$ という唯一の解を持ちます．(1)(2) を書き換えてみましょう．

$$(-\omega^2 + 2)Y_1 + (-1)Y_2 = 0 \quad \cdots (3)$$
$$(-1)Y_1 + (-\omega^2 + 2)Y_2 = 0 \quad \cdots (4)$$

(3) と (4) が一致するということは，係数の比が等しいことですから，$(-\omega^2 + 2)^2 = (-1)^2$ です．これが特性方程式に相当しています．こうして，解を求めることができるのですが，この式は行列式を使って次のように書けます．

$$\begin{vmatrix} -\omega^2 + 2 & -1 \\ -1 & -\omega^2 + 2 \end{vmatrix} = 0$$

このように，連立微分方程式を解く場合，行列を利用します．

図では，$y'(0)$ の値に応じて，手前（z 軸方向）にずらしたグラフを描きました．

つまり，y-z 面内の点がそれぞれのグラフ $y(0)$ と $y'(0)$ の値を示しています．これらの値が決まると，どのグラフが解になるか決まります．

さて，2 階の微分方程式が y' の項を含むと，ここでの簡単な方法は使えません．$\sin x$ や $\cos x$ の 1 階微分が元の関数に比例しないからです．しかし，複素指数関数ならば，1 階微分が元の関数に比例します．そこで，次の節で，複素指数関数を使って 2 階の微分方程式の解を求める方法を学びましょう．

5.3.1 ● 複素指数関数を使った微分方程式の解き方

2 階線形微分方程式を解く場合，独立な解が二つ見つかれば，一般解を求めることができます．$y_1(x)$ と $y_2(x)$ が独立な解であれば，$C_1 y_1(x) + C_2 y_1(x)$ が任意定数 2 個を含んだ一般解になります．

さらに，複素指数関数を応用するために，式 5.3.2 の解 $z(x)$ の実数部分（または虚数部分）が式 5.3.3 の解になっていることに着目します．

$$\text{複素関数} \downarrow$$
$$z'' + az' + bz = 0 \tag{5.3.2}$$
$$y'' + ay' + by = 0 \tag{5.3.3}$$
$$\uparrow \text{実数関数}$$

独立な 2 つの解を見つけるためには，$e^{\lambda x}$ が解になるための条件から，λ を求めます．λ が 2 つ見つかれば，独立な解が 2 つ見つかったことになります．λ に対する方程式が重解

を持つときは別の工夫をします[2].

> **公式5-7** **2階線形常微分方程式の解き方**
>
> $y'' + ay' + by = 0$ の解は $\rightarrow$ $z'' + az' + bz = 0$ の解の実数部分
>
> $z = e^{\lambda x}$ を代入して，$e^{\lambda x}$ で割ることにより，$\lambda^2 + a\lambda + b = 0$（特性方程式）を導く．この解が λ_1 と λ_2
>
> $z'' + az' + bz = 0$ の解は $\rightarrow$ $z(x) = C_1 e^{\lambda_1 x} + C_2 e^{\lambda_2 x}$
>
> （C_1, C_2：任意定数）

特性方程式がどのような解を持つかによって，微分方程式の解の様子が異なります．特性方程式が実単解，複素解，重解を持つ場合について，節を改めて取り扱うことにします．

---

[2] 第5.6節参照.

5.4 実単解の場合

$y'' + ay' + by = 0$ 解くために，公式5-7に従って，$z'' + az' + bz = 0$ に $z = e^{\lambda x}$ を代入して，次の特性方程式を導きます．

$$\lambda^2 + a\lambda + b = 0 \qquad (5.4.1)$$

この方程式が実単解 $\lambda_{1,2}$ を持つとき，一般解は $z(x) = C_1 e^{\lambda_1 x} + C_2 e^{\lambda_2 x}$ となります．C_1, C_2 を実数とすると，z は実数になりますから，$y = z = C_1 e^{\lambda_1 x} + C_2 e^{\lambda_2 x}$ です．なお，$e^{\lambda_1 x}$ と $e^{\lambda_2 x}$ を基本解といいます．公式5-8にまとめましょう．

公式5-8 2階線形常微分方程式の解き方（特性方程式が実単解 $a^2 - 4b > 0$）

$\lambda_{1,2}$ は特性方程式の解で，$\lambda_{1,2} = \dfrac{-a \pm \sqrt{a^2 - 4b}}{2}$

$\underline{y'' + ay' + by = 0}$ の解 → $y = C_1 e^{\lambda_1 x} + C_2 e^{\lambda_2 x}$

$x = \dfrac{X}{\sqrt{b}}$ を代入すると，$\dfrac{d^2}{dX^2} + \dfrac{a}{\sqrt{b}} \dfrac{d}{dX} + y = 0$ となります．よって，$y'' + 2\zeta y' + y = 0$ の解のグラフを x 方向に拡大縮小して，解のグラフが得られます．ただし，$2\zeta = \dfrac{a}{\sqrt{b}}$ です．

第5章 2階線形同次微分方程式

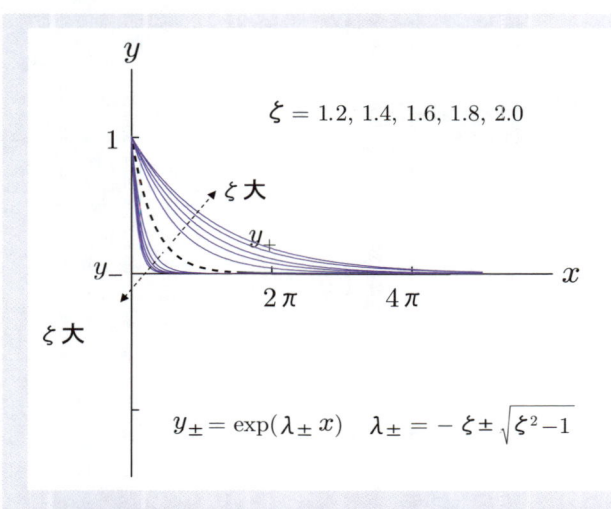

$y_{\pm} = \exp(\lambda_{\pm} x) \quad \lambda_{\pm} = -\zeta \pm \sqrt{\zeta^2 - 1}$

◆ 図5-4-1 実単解の場合における，$y'' + 2\zeta y' + y = 0$ の基本解

練習問題 5-6

公式を使って，次の微分方程式の一般解を求めましょう．

$$y'' + 2y' + \frac{1}{4}y = 0 \tag{5.4.2}$$

解答

特性方程式の解を使って，一般解は次のようになります．

特性方程式は $\lambda^2 + 2\lambda + \frac{1}{4} = 0$ **ですから，**
$\lambda_{1,2} = -1 \pm \frac{\sqrt{3}}{2}$

$$y = C_1 e^{(-1 + \frac{\sqrt{3}}{2})x} + C_2 e^{(-1 - \frac{\sqrt{3}}{2})x} \tag{5.4.3}$$

練習問題 5-7

公式を使って，次の微分方程式の一般解を求めましょう．
$$y'' + 4y' + y = 0 \tag{5.4.4}$$

解 答

特性方程式の解を使って，一般解は次のようになります．

> **特性方程式は** $\lambda^2 + 4\lambda + 1 = 0$ **ですから，**
> $\lambda_{1,2} = -2 \pm \sqrt{3}$

$$y = C_1 e^{(-2+\sqrt{3})x} + C_2 e^{(-2-\sqrt{3})x} \tag{5.4.5}$$

練習問題 5-8

公式を使って，次の微分方程式の一般解を求めましょう．
$$y'' + 8y' + y = 0 \tag{5.4.6}$$

解 答

特性方程式の解を使って，一般解は次のようになります．

> **特性方程式は** $\lambda^2 + 8\lambda + 1 = 0$ **ですから，**
> $\lambda_{1,2} = -4 \pm \sqrt{15}$

$$y = C_1 e^{(-4+\sqrt{15})x} + C_2 e^{(-4-\sqrt{15})x} \tag{5.4.7}$$

5.5 複素解の場合

$y'' + ay' + by = 0$ を解くために，公式5-7に従って，$z'' + az' + bz = 0$ に $z = e^{\lambda x}$ を代入して，次の特性方程式を導きます．

$$\lambda^2 + a\lambda + b = 0 \tag{5.5.1}$$

この方程式が複素解 $\lambda_{1,2}$ を持つとき，一般解は $z(x) = C_{10}e^{\lambda_1 x} + C_{20}e^{\lambda_2 x}$ となります．

複素解が $\lambda_{1,2} = \frac{-a \pm i\sqrt{-a^2 + 4b}}{2}$ となることを使って，一般解は次のようになります．

> $e^{\lambda_1 x}$ と $e^{\lambda_2 x}$ の共通項でくくって，

$$z(x) = e^{-\frac{a}{2}x}\left[C_{10}\exp\left(i\frac{\sqrt{-a^2+4b}}{2}x\right) + C_{20}\exp\left(-i\frac{\sqrt{-a^2+4b}}{2}x\right)\right] \tag{5.5.2}$$

> $(C_{10} + C_{20})\cos\left(\frac{\sqrt{-a^2+4b}}{2}x\right)$
> $+ (iC_{10} - iC_{20})\sin\left(\frac{\sqrt{-a^2+4b}}{2}x\right)$ の実数部分を考えて，

$$y(x) = e^{-\frac{a}{2}x}\left[C_1\cos\left(\frac{\sqrt{-a^2+4b}}{2}x\right) + C_2\sin\left(\frac{\sqrt{-a^2+4b}}{2}x\right)\right] \tag{5.5.3}$$

C_1: $C_{10} + C_{20}$ の実数部分

C_2: $iC_{10} - iC_{20}$ の実数部分

なお，$e^{\lambda_1 x}$ と $e^{\lambda_2 x}$，または，$e^{-\frac{a}{2}x}\cos\left(\frac{\sqrt{-a^2+4b}}{2}x\right)$ と $e^{-\frac{a}{2}x}\sin\left(\frac{\sqrt{-a^2+4b}}{2}x\right)$ を**基本解**といいます．公式5-9にまとめ

ましょう．

> **公式 5-9** 2階線形常微分方程式の解き方（特性方程式が複素解 $a^2 - 4b < 0$）

> $x = \dfrac{X}{\sqrt{b}}$ を代入すると，$\dfrac{d^2}{dX^2}y + \dfrac{a}{\sqrt{b}}\dfrac{d}{dX}y + y = 0$ となります．よって，$y'' + 2\zeta y' + y = 0$ の解のグラフを x 方向に拡大縮小して，解のグラフが得られます．ただし，$2\zeta = \dfrac{a}{\sqrt{b}}$ です．

$\overbrace{y'' + ay' + by = 0}$ の解

$\rightarrow \quad z = C_{10}e^{\lambda_1 x} + C_{20}e^{\lambda_2 x}$

> $\lambda_{1,2}$ は特性方程式の解で，$\lambda_{1,2} = \dfrac{-a \pm i\sqrt{-a^2 + 4b}}{2}$

$\rightarrow \quad y(x) = e^{-\frac{a}{2}x}\left[C_1 \cos\left(\dfrac{\sqrt{-a^2+4b}}{2}x\right) + C_2 \sin\left(\dfrac{\sqrt{-a^2+4b}}{2}x\right)\right]$

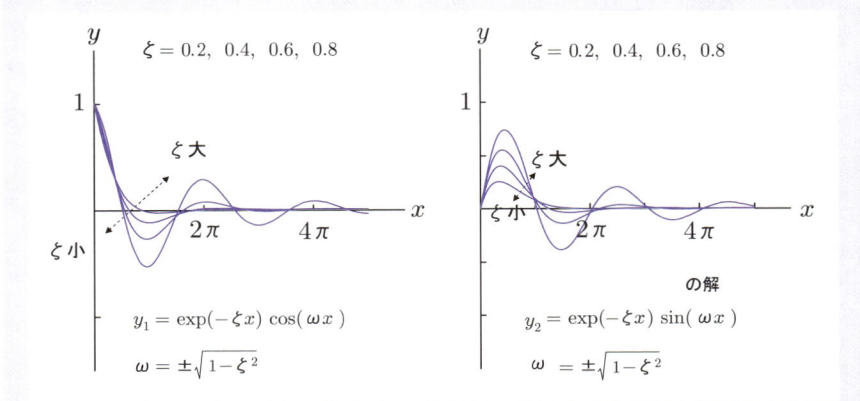

左図：$\zeta = 0.2, 0.4, 0.6, 0.8$，ζ大，ζ小
$y_1 = \exp(-\zeta x)\cos(\omega x)$
$\omega = \pm\sqrt{1-\zeta^2}$

右図：$\zeta = 0.2, 0.4, 0.6, 0.8$，ζ大，ζ小
の解
$y_2 = \exp(-\zeta x)\sin(\omega x)$
$\omega = \pm\sqrt{1-\zeta^2}$

◆図5-5-1　複素解の場合における，$y'' + 2\zeta y' + y = 0$ の基本解

なお，**図5-5-1**の左図のグラフと**図5-4-1**のグラフは $\zeta \rightarrow 1$ の極限で，**図5-4-1**の点線のグラフに近づきます．

練習問題 5-9

公式を使って，次の微分方程式の一般解を求めましょう．

$$y'' + 2y' + 4y = 0 \tag{5.5.4}$$

解答

特性方程式の解を使って，複素関数 z の微分方程式 $z'' + 2z' + 4z = 0$ の一般解は次のようになります．

> **特性方程式は** $\lambda^2 + 2\lambda + 4 = 0$ **ですから，**
> $\lambda_{1,2} = -1 \pm i\sqrt{3}$

$$\begin{aligned} z &= C_{10} e^{(-1+i\sqrt{3})x} + C_{20} e^{(-1-i\sqrt{3})x} \\ &= e^{-x}\left[C_{10}\left\{\cos(\sqrt{3}x) + i\sin(\sqrt{3}x)\right\} + C_{20}\left\{\cos(\sqrt{3}x) - i\sin(\sqrt{3}x)\right\}\right] \end{aligned} \tag{5.5.5}$$

この式の実数部分をとることにより，解が得られます．

> $C_{10} + C_{20}$ **の実数部分**

$$y = e^{-x}\left[C_1 \cos(\sqrt{3}x) + C_2 \sin(\sqrt{3}x)\right] \tag{5.5.6}$$

> $iC_{10} - iC_{20}$ **の実数部分**

練習問題 5-10

公式を使って，次の微分方程式の一般解を求めましょう．

$$y'' + y' + y = 0 \tag{5.5.7}$$

解答

特性方程式の解を使って，複素関数 z の微分方程式 $z'' + z' + z = 0$ の一般解は次のようになります．

> 特性方程式は $\lambda^2 + \lambda + 1 = 0$ ですから，
> $\lambda_{1,2} = -\dfrac{1}{2} \pm i \dfrac{\sqrt{3}}{2}$

$$
\begin{aligned}
z &= C_{10} e^{\left(-\frac{1}{2} + i\frac{\sqrt{3}}{2}\right)x} + C_{20} e^{\left(-\frac{1}{2} - i\frac{\sqrt{3}}{2}\right)x} \\
&= e^{-\frac{1}{2}x} \left[C_{10} \left\{ \cos\left(\frac{\sqrt{3}}{2}x\right) + i\sin\left(\frac{\sqrt{3}}{2}x\right) \right\} \right.\\
&\quad \left. + C_{20} \left\{ \cos\left(\frac{\sqrt{3}}{2}x\right) - i\sin\left(\frac{\sqrt{3}}{2}x\right) \right\} \right]
\end{aligned}
\tag{5.5.8}
$$

この式の実数部分をとることにより，解が得られます．

> $C_{10} + C_{20}$ の実数部分

$$
y = e^{-\frac{1}{2}x} \left[C_1 \cos\left(\frac{\sqrt{3}}{2}x\right) + C_2 \sin\left(\frac{\sqrt{3}}{2}x\right) \right]
\tag{5.5.9}
$$

> $iC_{10} - iC_{20}$ の実数部分

練習問題 5-9 と較べて，x を $\frac{1}{2}x$ とした式になっています．

練習問題 5-11

公式を使って，次の微分方程式の一般解を求めましょう．

$$
y'' + \frac{1}{2}y' + y = 0 \tag{5.5.10}
$$

解答

特性方程式の解を使って，複素関数 z の微分方程式 $z'' + \frac{1}{2}z' + z = 0$ の一般解は次のようになります．

> **特性方程式は** $\lambda^2 + \frac{1}{2}\lambda + 1 = 0$ **ですから，**
> $\lambda_{1,2} = -\frac{1}{4} \pm i\frac{\sqrt{15}}{4}$

$$\begin{aligned}
z &= C_{10}e^{\left(-\frac{1}{4}+i\frac{\sqrt{15}}{4}\right)x} + C_{20}e^{\left(-\frac{1}{4}-i\frac{\sqrt{15}}{4}\right)x} \\
&= e^{-\frac{1}{4}x}\left[C_{10}\left\{\cos\left(\frac{\sqrt{15}}{4}x\right) + i\sin\left(\frac{\sqrt{15}}{4}x\right)\right\}\right. \\
&\quad \left. + C_{20}\left\{\cos\left(\frac{\sqrt{15}}{4}x\right) - i\sin\left(\frac{\sqrt{15}}{4}x\right)\right\}\right]
\end{aligned} \tag{5.5.11}$$

この式の実数部分をとることにより，解が得られます．

> $C_{10} + C_{20}$ **の実数部分**

$$y = e^{-\frac{1}{4}x}\left[C_1\cos\left(\frac{\sqrt{15}}{4}x\right) + C_2\sin\left(\frac{\sqrt{15}}{4}x\right)\right] \tag{5.5.12}$$

> $iC_{10} - iC_{20}$ **の実数部分**

5.6 重解の場合

$y'' + ay' + by = 0$ を解くために，公式5-7に従って，$z'' + az' + bz = 0$ に $z = e^{\lambda x}$ を代入して，次の特性方程式を導きます．

$$\lambda^2 + a\lambda + b = 0 \qquad (5.6.1)$$

この方程式が重解 λ を持つとき（すなわち，$a^2 = 4b$ であるとき），$z = e^{\lambda x}$ は解であり，基本解です．一般解を求めるためには，もうひとつ基本解を求める必要があります．ここでは，$z = xe^{\lambda x}$ を微分方程式に代入すると成り立っていることから，$z = xe^{\lambda x}$ がもう一つの基本解であることを確かめます[3]．

> $z'' + az' + bz = 0$ に，$z = xe^{\lambda x}$ と $z' = x\lambda e^{\lambda x} + e^{\lambda x}$ と $z'' = x\lambda^2 e^{\lambda x} + 2\lambda e^{\lambda x}$ を代入して，

$$x\lambda^2 e^{\lambda x} + 2\lambda e^{\lambda x} + a\left(x\lambda e^{\lambda x} + e^{\lambda x}\right) + bxe^{\lambda x} = 0$$

この式を整理すると，

> 式5.6.1より，$(\lambda^2 + a\lambda + b) = 0$

$$xe^{\lambda x}\overbrace{\left(\lambda^2 + a\lambda + b\right)} + e^{\lambda x}\underbrace{(2\lambda + a)} = 0 \qquad (5.6.2)$$

> 重解を持つとき $(a^2 = 4b)$，$\lambda = -\dfrac{a}{2}$ だから，$(2\lambda + a) = 0$

---

[3] 特性方程式の解が重解であるときの解の求め方については，第6-3節微分演算子法を参照してください．

重解 λ を持つとき，一般解は $z(x) = C_1 e^{\lambda x} + C_2 x e^{\lambda x}$ となります．C_1, C_2 を実数とすると，z は実数になりますから，$y = z = C_1 e^{\lambda x} + C_2 x e^{\lambda x}$ です．公式5-10にまとめましょう．

公式5-10　2階線形常微分方程式の解き方（特性方程式が重解 $a^2 - 4b > 0$）

$\underbrace{y'' + ay' + by = 0 \text{の解}} \rightarrow y = C_1 e^{\lambda x} + C_2 x e^{\lambda x}$

λ は特性方程式の解で，$\lambda = \dfrac{-a}{2}$

$x = \dfrac{X}{\sqrt{b}}$ を代入すると，$\dfrac{\mathrm{d}^2}{\mathrm{d}X^2} y + \dfrac{a}{\sqrt{b}} \dfrac{\mathrm{d}}{\mathrm{d}X} y - y = 0$ となります．よって，$y'' + 2\zeta y' + y = 0$ の解のグラフを x 方向に拡大縮小して，解のグラフが得られます．ただし，$\zeta = \dfrac{a}{2\sqrt{b}} = 1$ です．

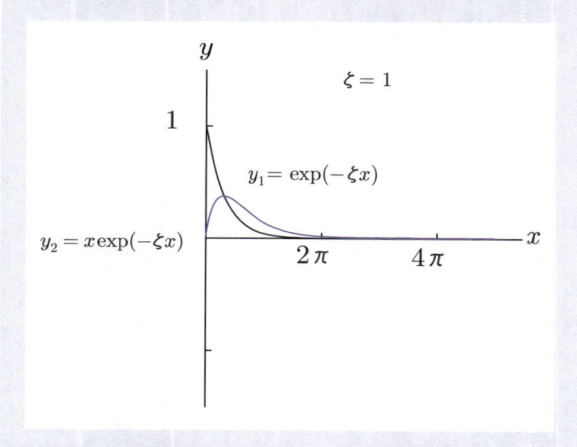

◆図5-6-1　重解（$\zeta = 1$）の場合における，$y'' + 2\zeta y' + y = 0$ の基本解

なお，基本解の選び方は1通りではありません．例えば，単解の場合の基本解を次のように選ぶことができます．

$$y_1 = e^{\lambda_1 x} \qquad y_2 = e^{\lambda_2 x}$$

$$\frac{y_1+y_2}{2} \quad \text{と} \quad \frac{y_1-y_2}{(\lambda_1-\lambda_2)} \tag{5.6.3}$$

$$\lambda_{1,2} = \frac{-a \pm \sqrt{a^2-4b}}{2}$$

このとき，単解の場合の基本解は，ζ を 1 に近づけると，重解の場合における基本解に近づきます．ζ の値をいろいろと変化させたグラフを，**図 5-6-2** に示しました．

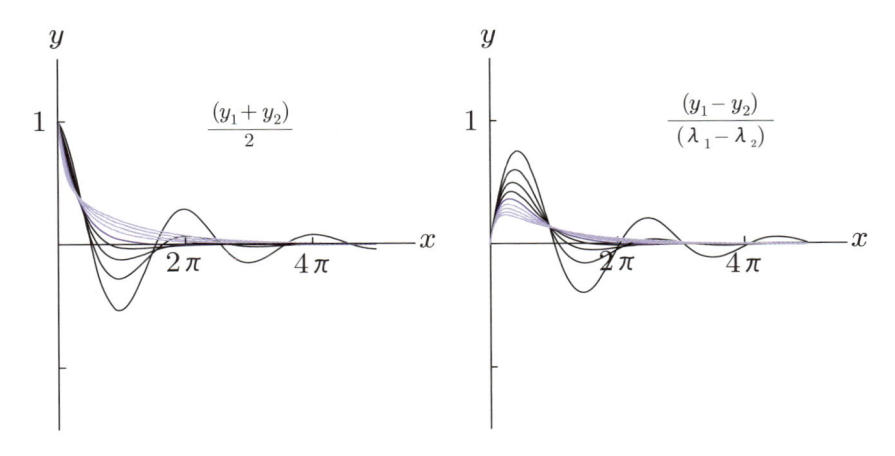

◆図 5-6-2　異なる基本解 $y'' + 2\zeta y' + y = 0$

青線が重解の場合における基本解です．

練習問題 5-12

公式を使って，次の微分方程式の一般解を求めましょう．

$$y'' + 4y' + 4y = 0 \tag{5.6.4}$$

解 答

特性方程式の解を使って，一般解は次のようになります．

> 特性方程式は $\lambda^2 + 4\lambda + 4 = 0$ ですから，$\lambda = -2$

$$y = C_1 e^{-2x} + C_2 x e^{-2x} \tag{5.6.5}$$

練習問題 5-13

公式を使って，次の微分方程式の一般解を求めましょう．

$$y'' + 2y' + y = 0 \tag{5.6.6}$$

解 答

特性方程式の解を使って，一般解は次のようになります．

> 特性方程式は $\lambda^2 + 2\lambda + 1 = 0$ ですから，$\lambda = -1$

$$y = C_1 e^{-x} + C_2 x e^{-x} \tag{5.6.7}$$

練習問題 5-12 と較べて，x を $\frac{1}{2}x$ とした式になっています．

5.7 工学における例

　運動における例としては，バネの力と空気抵抗を受ける物体の運動が，公式5-7の微分方程式で記述されます．自動車の車体なども，バネで支えられ，振動を止めるためのダンパーによる力も受けているため，同様の微分方程式になります．

　電気回路の例では，コイルとコンデンサと抵抗の回路が，同じ微分方程式で記述されます．

練習問題 5-14

　バネの力は，バネの伸びxに比例します．空気抵抗は，速度$\frac{dx}{dt}$に比例します．空気抵抗とバネの力を受ける物体の運動方程式は次のようになります．振動することなく減衰するのはどういう場合でしょう．

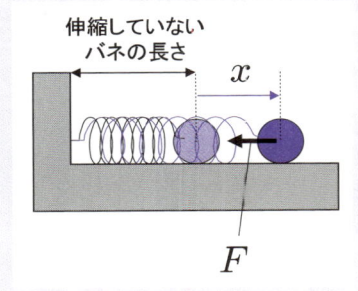

$$m\frac{d^2x}{dt^2} = -kx - C\frac{dx}{dt} \qquad (5.7.1)$$

（質量）×（加速度）＝（力）

バネ定数　　空気抵抗の比例定数

◆図5-7-1　空気抵抗とバネ

解答

式5.7.1に $x = e^{\lambda t}$ を代入して，$e^{\lambda t}$ で割ることによって，特性方程式は次のように得られます．

$$m\lambda^2 + C\lambda + k = 0 \tag{5.7.2}$$

式5.7.1が振動しない解を持つのは，特性方程式が実数の解を持つときです．判別式が正となる条件から次式が得られます．

$$C^2 - 4mk \geq 0 \tag{5.7.3}$$

この式は，空気抵抗がバネの力や質量に比べて大きい場合成立します．

練習問題 5-15

図5-7-2のような回路を考えます．このままでは電流は流れませんが，最初にコンデンサを充電してあれば，減衰する振動電流が流れます．よく知られているように，抵抗に電流 I が流れているとき，抵抗の両端の電圧は RI となります．コイルに変化する電流 I が流れているとき，コイルの両端の電圧は $L\frac{dI}{dt}$ となります．コンデンサに電荷 Q が蓄えられているとき，コンデンサの両端の電圧は，$\frac{Q}{C}$ です．（電流）×（時間）＝（電荷の変化）という関係から導かれる $I = \frac{dQ}{dt}$ という関係を利用して次式が得られます．減衰しながら振動する電流が流れるのはどういう場合でしょう．

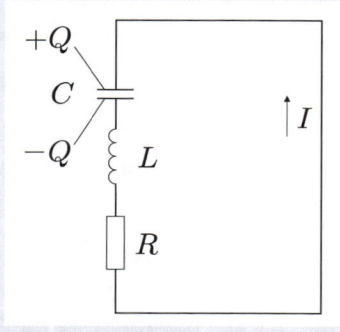

◆図5-7-2　コイルとコンデンサと抵抗の回路

$$L\frac{d^2Q}{dt^2} + R\frac{dQ}{dt} + \frac{Q}{C} = 0 \tag{5.7.4}$$

- 自己インダクタンス
- 全体にかかる電圧はゼロ
- 抵抗
- 容量

解答

式5.7.4に $Q = e^{\lambda t}$ を代入して，$e^{\lambda t}$ で割ることによって，特性方程式は次のように得られます．

$$L\lambda^2 + R\lambda + \frac{1}{C} = 0 \tag{5.7.5}$$

式5.7.4が振動する解を持つのは，特性方程式が複素数の解を持つときです．判別式が負となる条件から次式が得られます．

$$R^2 - 4\frac{L}{C} < 0 \tag{5.7.6}$$

この式は，容量や抵抗がインダクタンスに比べて小さい場合成立します．

第6章

2階線形非同次微分方程式

ポイント

本章では，$y'' + ay' + by = f(x)$ という形の微分方程式を取り扱います．y の0次の項 $f(x)$ を含んでいることから，非同次方程式といわれます．

6.1 一般解と特解

例として，線形非同次微分方程式 $y''+2y'+y=1$ を考えましょう．$y=1$ が，この方程式の解になっていることは明らかでしょう[1]．この特別な解を特解といいます．ところで，一般解を求めるには，どうしたらよいでしょう．

ここで活躍するのが，第5-6節で学んだ，線形同次微分方程式 $y''+2y'+y=0$ の一般解です．$y''+2y'+y=0$ の基本解は，第5-6節で，次のように与えられました．

$$y_1'' + 2y_1' + y_1 = 0$$

$$y_1 = e^{-x} \quad (6.1.1)$$
$$y_2 = xe^{-x} \quad (6.1.2)$$

$$y_2'' + 2y_2' + y_2 = 0$$

基本解を使って，一般解は次のように与えられました．つまり，2個の任意定数を含む解が一般解でした．

$$y = C_1 y_1 + C_2 y_2 = C_1 e^{-x} + C_2 xe^{-x} \quad (6.1.3)$$

ところで，非同次微分方程式の特解 $y=1$ と同次微分方程式の一般解（式6.1.3）の和を考えてみましょう．特解と一般解の和は次のようになります．

$$y = 1 + C_1 e^{-x} + C_2 xe^{-x} \quad (6.1.4)$$

この式は $y''+2y'+y=1$ の解であり，2つの任意定数を

---

[1] $y''=0, y'=0$ ですから，$y=1$ が与えられた微分方程式の解であることは明らかです．

含んでいます．いいかえれば，一般解です．

一般解のグラフを，図6-1-1に示しました．$y'(0)$の値に応じて，手前にずらして描き，立体的な図で表しました．

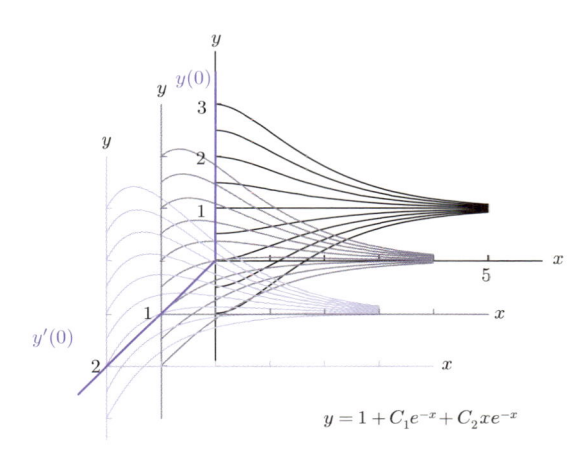

$$y = 1 + C_1 e^{-x} + C_2 x e^{-x}$$

◆図6-1-1　$y'' + 2y'' + y = 1$の一般解

もう一つ大切なことがあります．$a \neq 0$の場合，$x \to \infty$とすることを考えてみましょう．同次微分方程式の一般解は減衰してゼロに近づきます．ですから，非同次方程式の一般解は，特解に近づきます[2]．

それでは，ここで線形非同次微分方程式の一般解の求め方を公式6-1にまとめましょう．

---

[2] このことは，xが時間を表している場合，特に重要です．

公式 6-1　非同次微分方程式の一般解

$y'' + ay' + by = f(x)$ の一般解 → $y = \underbrace{y_\mathrm{s}}_{y''+ay'+by=f(x)\text{特解}} + \underbrace{C_1 y_1 + C_2 y_2}_{y''+ay'+by=0\text{の一般解}}$

→ y_s （$x \to \infty$ のとき）

このようなわけで，非同次方程式においては，特解を求めることが重要になります．第6-2節，第6-3節では，特解を求めることのみ考えましょう．なお，第6-4節では，ラプラス変換を使って，初期条件を与えた解を求めます．

練習問題 6-1

次の微分方程式の一般解を求めましょう．

$$y'' + y = 1 \tag{6.1.5}$$

解答

特解は $y_\mathrm{s} = 1$ となります[3]．$y'' + y = 0$ の一般解を付け加えて，式 6.1.5 の一般解は次のようになります．

$$y = 1 + C_1 \cos x + C_2 \sin x \tag{6.1.6}$$

---

[3] $y'' = 0$ だから，当然 $y_\mathrm{s} = 1$ は式 6.1.5 を満たします．

6.2 簡単な場合の特解の求め方

　前節で取り上げた微分方程式は，非同次項が1であり，見ただけで特解を求めることができました．本節では，非同次項が定数の場合に加え，指数関数，三角関数の場合を取り扱います．

6.2.1 ● 定数形

　非同次項が定数の場合について，公式6-2にまとめましょう．この形の微分方程式の解を求めるのは非常に簡単ですが，電気回路に一定の電圧をかけたとき過渡的にどのような電流が流れるかを知るために使われるなど，重要性が大きいので，あえてひとつ節を設けました．

> **公式6-2** 非同次項が定数の場合の特解
>
> a, b, c は与えられた定数
>
> $y'' + ay' + by = c$ の特解は　→　$y_s = \dfrac{c}{b}$
>
> $y_s'' = 0$，$y_s' = 0$ より，$y_s = \dfrac{c}{b}$ が解となるのは明らか

第6章 2階線形非同次微分方程式

> **練習問題 6-2**
>
> 公式により，次の微分方程式の特解を求めましょう．
> $$y'' + 2y' + \frac{1}{2}y = 1 \tag{6.2.1}$$

> **解答**
>
> 特解は次のようになります．
> $$y_s = 2 \tag{6.2.2}$$

6.2.2 ● 指数関数形

非同次項が指数関数の場合，すなわち，$y'' + ay' + by = e^{cx}$ を取り扱います[(4)]．$y = Ae^{cx}$ を代入する方法で，係数 A を求め，特解 $y_s = Ae^{cx}$ を求めることができます．

例えば，$y'' + y' + y = e^{-x}$ の特解ならば，$y = Ae^{-x}$ を代入して，両辺を e^{-x} で割ることにより次式が得られます．

$y'' = (-1)^2 Ae^{-x}$

$$(-1)^2 A + (-1)A + A = 1 \tag{6.2.3}$$

$y' = (-1)Ae^{-x}$

この式から得られる結果は，$A = 1$ であり，特解は $y_s = e^{-x}$ となります．

この方法でうまく解を求めることができる理由は，y''，y'，y，そして，e^{cx} がいずれも e^{cx} に比例し同じ関数形になるか

---

(4) 指数関数を定数倍した微分方程式の場合，特解を定数倍すれば良いだけです．

らです.

なお，式6.2.3の左辺がゼロになる（cが特性方程式の解になる）場合は，第6-3節の演算子法を使います．非同次項が指数関数の場合について，公式6-3にまとめましょう．

> **公式6-3** 非同次項が指数関数の場合の特解
>
> $c^2 + ac + b \neq 0$ の場合（つまり，c が特性方程式の解でない場合）
>
> $y'' + ay' + by = e^{cx}$ の特解は → $y_s = \dfrac{1}{c^2 + ac + b} e^{cx}$
>
> $y = Ae^{cx}$ を代入すると，
> $c^2 Ae^{cx} + acAe^{cx} + bAe^{cx} = e^{cx}$ となります

> **練習問題6-3**
>
> 次の微分方程式の特解を求めましょう．
>
> $$y'' + 3y' + 4y = e^{-2x} \tag{6.2.4}$$

解答

式6.2.4に $y = Ae^{-2x}$ を代入して，両辺を e^{-2x} で割ることにより次式が得られます．

$y'' = (-2)^2 Ae^{-2x}$

$$(-2)^2 A + 3 \times (-2)A + 4A = 1 \tag{6.2.5}$$

$y' = (-2)Ae^{-2x}$

この式から得られる結果は，$A = \frac{1}{2}$ であり，特解は次のようになります．

$$y_s = \frac{1}{2}e^{-2x} \tag{6.2.6}$$

特解を**図6-2-1**の実線で示しました．

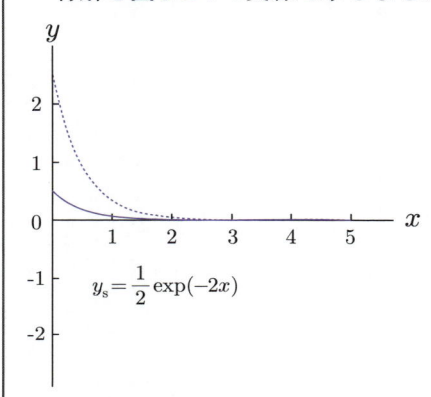

◆**図6-2-1** $y'' + 3y' + 4y = e^{-2x}$ の特解

練習問題 6-4

次の微分方程式の特解を求めましょう．
$$y'' + 3y' + 4y = 5e^{-2x} \tag{6.2.7}$$

解 答

式6.2.7に $y = Ae^{-2x}$ を代入して，両辺を e^{-2x} で割ることにより次式が得られます．

$$(-2)^2 A + 3 \times (-2)A + 4A = 5 \tag{6.2.8}$$

（$y'' = (-2)^2 Ae^{-2x}$）
（$y' = (-2)Ae^{-2x}$）

式6.2.7の右辺は，式6.2.4の右辺の5倍ですから，特解も5倍になります．特解を図6-2-1の点線で示しました．

6.2.3 ● 三角関数形

非同次項が三角関数の場合，すなわち，次のような微分方程式を取り扱います．

$$y'' + ay' + by = \cos(cx) \tag{6.2.9}$$

$$y'' + ay' + by = \sin(cx) \tag{6.2.10}$$

しかし，指数関数形の場合と違って，$y = A\cos(cx)$ や $y = A\sin(cx)$ を代入する方法ではうまくいきません．y'', y', y が同じ関数形にならないからです．

とはいえ，次の微分方程式の実数部分が式6.2.9であり，虚数部分が式6.2.10であることに気づくと，上手な解法に気がつきます．

$$y'' + ay' + by = e^{icx} \tag{6.2.11}$$

すなわち，式6.2.11の解を求めて，解の実数部分と虚数部分を求めると，式6.2.9と式6.2.10の解が得られます．そして，式6.2.11の解は，$y = Ae^{icx}$ を代入することにより求めることができます．

例えば，$y'' + y' + y = e^{ix}$ の特解ならば，$y = Ae^{ix}$ を代入して，両辺を e^{ix} で割ることにより次式が得られます．

$$\boxed{y'' = i^2 A e^{ix} = -A e^{ix}}$$

$$-A + iA + A = 1 \tag{6.2.12}$$

$$\boxed{y' = iAe^{ix}}$$

この式から得られる結果は，$A = -i$ であり，特解は $y_s = -ie^{ix}$ となります．この解の実数部分は $\mathrm{Re}\{y_s\} = \sin x$ であり，虚数部分は $\mathrm{Im}\{y_s\} = -\cos x$ です．これらが，$y'' + y' + y = \cos x$ と $y'' + y' + y = \sin x$ の特解です．

　非同次項が三角関数の場合について，公式6-4にまとめましょう．なお，この形の微分方程式は交流回路や振動工学などにおいて重要な役割を果たします．

　交流回路の例は第6.5節に示してあります．基本的に，抵抗とコイルとコンデンサからなる回路に交流電圧をかけると，この形の微分方程式で記述されます．

　振動工学の例としては，バネと減衰器からなる振動系に，周期的な力が働いたとき，この形の微分方程式で記述されます．具体的には，地震で家が揺れるときなどがその例です．

公式6-4　非同次項が三角関数の場合の特解

$-c^2 + iac + b \neq 0$ の場合（つまり，ic が特性方程式の解でない場合），

$y = Ae^{icx}$ を代入すると，
$-c^2 Ae^{icx} + iacAe^{icx} + bAe^{icx} = e^{icx}$ となります

$y'' + ay' + by = e^{icx}$ の特解は → $y_s = \dfrac{1}{-c^2 + iac + b} e^{icx}$

分子分母に $(-c^2 - iac + b)$ をかけて，
$\dfrac{1}{-c^2 + iac + b} = \dfrac{b - c^2 - iac}{(b-c^2)^2 + (ac)^2}$ です

$y'' + ay' + by = \cos cx$ の特解は
→ $y_s = \dfrac{b-c^2}{(b-c^2)^2+(ac)^2}\cos x + \dfrac{ac}{(b-c^2)^2+(ac)^2}\sin x$

$\mathrm{Re}\{\dfrac{1}{-c^2+iac+b}e^{icx}\}$

$y'' + ay' + by = \sin cx$ の特解は
→ $y_s = \dfrac{b-c^2}{(b-c^2)^2+(ac)^2}\sin x - \dfrac{ac}{(b-c^2)^2+(ac)^2}\cos x$

$\mathrm{Im}\{\dfrac{1}{-c^2+iac+b}e^{icx}\}$

練習問題6-5

次の微分方程式の特解を求めましょう．
$$y'' + y' + 2y = 2\cos(2x) \tag{6.2.13}$$

解 答

式 $y'' + y' + 2y = 2e^{i2x}$ に $y = Ae^{i2x}$ を代入して，両辺を e^{2ix} で割ることにより次式が得られます．

$$y'' = (-2)^2 A e^{-2x}$$

$$-4A + 2iA + 2A = 2 \tag{6.2.14}$$

$$y' = (-2)Ae^{-2x}$$

この式から得られる結果は，$A = \frac{1}{-1+i} = \frac{-1-i}{2}$ であり，微分方程式 $y'' + y' + 2y = 2e^{i2x}$ の特解は次のようになります．

$$y_s = \frac{-1-i}{2} e^{i2x} \tag{6.2.15}$$

式 6.2.15 の実数部分が式 6.2.13 の特解ですから，答えは次のようになります．

$$\frac{-1-i}{2}\cos(2x) + i\frac{-1-i}{2}\sin(2x)$$

$$y_s = \frac{-1}{2}\cos(2x) + \frac{1}{2}\sin(2x) \tag{6.2.16}$$

特解を **図 6-2-2** の実線で示しました．

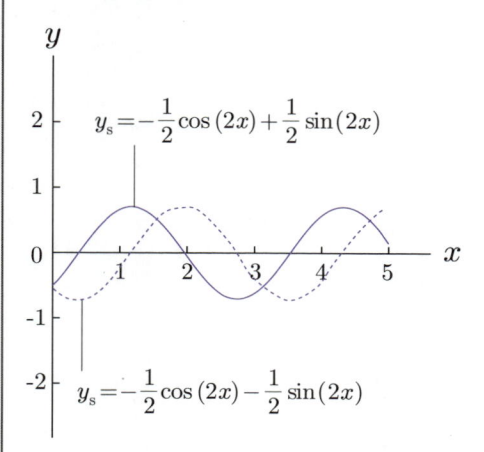

◆**図 6-2-2**　$y'' + y' + 2y = 2\cos(2x)$ **の特解**

練習問題 6-6

次の微分方程式の特解を求めましょう．
$$y'' + y' + 2y = 2\sin(2x) \tag{6.2.17}$$

解 答

微分方程式 $y'' + y' + 2y = 2e^{i2x}$ の特解を求めるところまでは同じです．特解は次のようになります．
$$y_s = \frac{-1-i}{2}e^{i2x} \tag{6.2.18}$$

式6.2.18の虚数部分が式6.2.17の特解ですから，答えは次のようになります．

式6.2.18は $\dfrac{-1-i}{2}\cos(2x) + i\dfrac{-1-i}{2}\sin(2x)$

$$y_s = \frac{-1}{2}\cos(2x) + \frac{-1}{2}\sin(2x) \tag{6.2.19}$$

特解を図6-2-2の点線で示しました．

ここでは，複素指数関数を使用していますが，三角関数を使って答えを求めることもできます．$y = Ae^{i2x}$ を代入するということは，$y = A\cos(2x) + iA\sin(2x)$ を代入することと同じです．そして，最後に虚数部分をとるわけですから，最初からこの関数の虚数部分である次式を代入して解を求めることもできます．

A の虚数部分

$$y = C_1\cos(2x) + C_2\sin(2x)$$

A の実数部分（iA の虚数部分）

その結果は次のようになります．

$$-4C_1\cos(2x) - 4C_2\sin(2x) - 2C_1\sin(2x) + 2C_2\cos(2x)$$
$$+ 2C_1\cos(2x) + 2C_2\sin(2x) = 2\sin(2x)$$

> 整理すると $2(-C_1 + C_2)\cos(2x) - 2(C_1 + C_2 + 1)\sin(2x) = 0$ だから，

$$C_1 = C_2, \quad C_1 + C_2 + 1 = 0$$

これを解いて，$C_1 = -\frac{1}{2}, C_2 = -\frac{1}{2}$ が得られるので，特解は，式6.2.19になります．

練習問題 6-7

次の微分方程式の特解を求めましょう．
$$y'' + y' + 2y = 2\cos x \tag{6.2.20}$$

解答

式 $y'' + y' + 2y = 2e^{ix}$ に $y = Ae^{ix}$ を代入して，両辺を e^{ix} で割ることにより次式が得られます．

> $y'' = (i)^2 A e^{2ix}$

$$-A + iA + 2A = 2 \tag{6.2.21}$$

> $y' = iAe^{2ix}$

この式から得られる結果は，$A = \frac{2}{1+i} = \frac{2(1-i)}{2} = (1-i)$ であり，微分方程式 $y'' + y' + 2y = 2e^{ix}$ の特解は次のようになります．

$$y_s = (1-i)e^{ix} \tag{6.2.22}$$

式6.2.22の実数部分が式6.2.20の特解ですから，答えは次のようになります．

> 式6.2.22は $(1-i)\cos x + i(1-i)\sin x$

$$y_s = \cos x + \sin x \tag{6.2.23}$$

オイラーの公式

公式5-1では，次のようなオイラーの公式を定義としてあげました．
$$e^{ix} = \cos x + i \sin x$$
この節で，またこの公式を使いますから，マクローリン展開を使って，この式を導いておきましょう．マクローリン展開は次のような公式です．

> f の n 階微分です

$$f(x) = \sum_{n=0}^{\infty} \frac{f^{(n)}(0)}{n!} x^n$$

指数関数のテーラー級数は，次のようになります．

$$e^x = \sum_{n=0}^{\infty} \frac{x^n}{n!}$$

> 指数関数の微分は $\frac{d}{dx}e^x = e^x$ ですから，
> $f^{(0)}(0) = f^{(1)}(0) = f^{(2)}(0) = \cdots = 1$

ここで，複素指数関数 e^{ix} は，上の式の x に ix を代入したものと定義することにします．そう定義したとき，上のオイラーの方程式が成り立つことを確かめましょう．三角関数のテーラー級数は，次のようになります．

$$\sin x = \frac{x}{1!} - \frac{x^3}{3!} + \frac{x^5}{5!} - \frac{x^7}{7!} + \cdots$$

> 三角関数の微分は $\frac{\mathrm{d}}{\mathrm{d}x}\sin x = \cos x$ と $\frac{\mathrm{d}}{\mathrm{d}x}\cos x = -\sin x$ ですから，
> $f^{(0)}(0) = \sin 0 = 0,\ f^{(1)}(0) = \cos 0 = 1,\ f^{(2)}(0) = -\sin 0 = 0,$
> $f^{(3)}(0) = -\cos 0 = -1,\ f^{(4)}(0) = \sin 0 = 0,\ f^{(5)}(0) = \cos 0 = 1\ \cdots$

$$\cos x = 1 - \frac{x^2}{2!} + \frac{x^4}{4!} - \frac{x^6}{6!} + \cdots$$

> 三角関数の微分は $\frac{\mathrm{d}}{\mathrm{d}x}\sin x = \cos x$ と $\frac{\mathrm{d}}{\mathrm{d}x}\cos x = -\sin x$ ですから，
> $f^{(0)}(0) = \cos 0 = 1,\ f^{(1)}(0) = -\sin 0 = 0\ f^{(2)}(0) = -\cos 0 = -1,$
> $f^{(3)}(0) = \sin 0 = 0,\ f^{(4)}(0) = \cos 0 = 1,\ f^{(5)}(0) = -\sin 0 = 0\ \cdots$

e^x の展開式の x に ix を代入し，実数項と虚数項をまとめます．それを三角関数の級数と比較すると，オイラーの方程式が成り立っていることがわかります．

6.3 微分演算子法による特解の求め方

関数は，数を数に対応させる写像とみなすことができます．

ところで，微分の演算をすると，関数が別の関数に変わります．微分という演算は，関数を関数に対応させる写像とみなすことができます．

本節では，**微分演算子**をDで表し，次のように定義します．

$$Df(x) = \frac{\mathrm{d}}{\mathrm{d}x}f(x) = f'(x) \tag{6.3.1}$$

微分演算子Dが右側の関数（上式では$f(x)$）を導関数に変換する写像を表していると考えます．

このように考えると，微分演算子Dの逆演算子D^{-1}は，関数を不定積分に変換する写像を表し，次のように定義されます．

> $F(x)$は$f(x)$の不定積分

$$D^{-1}f(x) = F(x) \tag{6.3.2}$$

> 考え方
> Dは微分で，D^{-1}は積分です．

6.3.1 ● 微分演算子

微分演算子Dの定義を公式にまとめます．この定義を使って，計算する簡単な例を練習問題としましょう．

公式6-5　微分演算子の定義

$$D f(x) = f'(x)$$

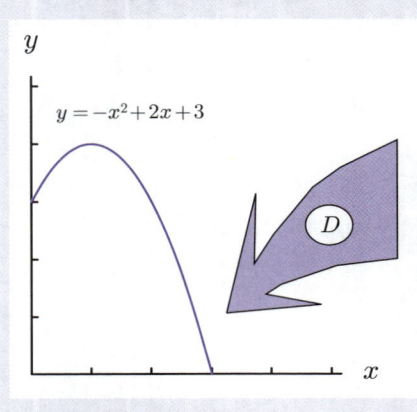

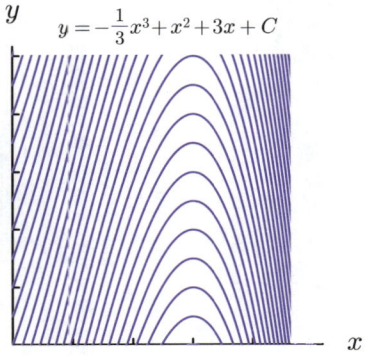

◆図6-3-1　Dによる写像

練習問題6-8

公式6-5を使って，次の式を計算しましょう．

(1) $D\,c$ 　　　　　　　　　　　　　　　　　　　　　　(6.3.3)

(2) $D\,x^a$ 　　　　　　　　　　　　　　　　　　　　　(6.3.4)

(3) $D\,e^{ax}$ 　　　　　　　　　　　　　　　　　　　　(6.3.5)

(4) $D\,\log x$ 　　　　　　　　　　　　　　　　　　　　(6.3.6)

(5) $D\,\sin(ax)$ 　　　　　　　　　　　　　　　　　　　(6.3.7)

(6) $D\,\cos(ax)$ 　　　　　　　　　　　　　　　　　　　(6.3.8)

解答

答だけを示しておきます．

(1) $D\,c = 0$ 　　　　　　　　　　　　　　　　　　　　(6.3.9)

(2) $D\,x^a = a x^{a-1}$ 　　　　　　　　　　　　　　　　(6.3.10)

(3) $D\,e^{ax} = a e^{ax}$ 　　　　　　　　　　　　　　　　(6.3.11)

$$\begin{aligned}
&(4)\ D \log x = \frac{1}{x} &&(6.3.12)\\
&(5)\ D \sin(ax) = a\cos(ax) &&(6.3.13)\\
&(6)\ D \cos(ax) = -a\sin(ax) &&(6.3.14)
\end{aligned}$$

6.3.2 ● 逆微分演算子

微分演算子の**逆演算子** D^{-1} の定義を公式にまとめます．図6-3-3に示したように，微分演算子の逆演算子は，任意定数を含む多くの関数を表しますが，本書では，そのうちの一つを $D^{-1}f(x)$ と書くことにします[5]．

公式6-6　微分演算子の定義

> 逆微分演算子を考えるとき，$F(x)$ は不定積分の一つを表しているとします

$$D^{-1}f(x) = F(x)$$

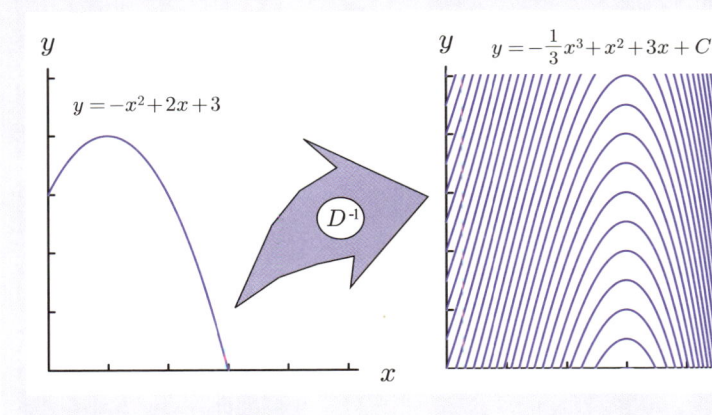

◆図6-3-2　D^{-1}による写像

---

[5] 任意定数の値を適当に選んだ一つの関数を表しているとしてしまいます．

> **練習問題 6-9**
>
> 次の式を計算しましょう
>
> (1) $D^{-1} c$ (6.3.15)
>
> (2) $D^{-1} x^a$ (6.3.16)
>
> (3) $D^{-1} e^{ax}$ (6.3.17)
>
> (4) $D^{-1} \dfrac{1}{x}$ (6.3.18)
>
> (5) $D^{-1} \sin(ax)$ (6.3.19)
>
> (6) $D^{-1} \cos(ax)$ (6.3.20)

解答

答だけを示しておきます.

(1) $D^{-1} c = cx$ (6.3.21)

(2) $D^{-1} x^a = \dfrac{1}{a+1} x^{a+1}$ (6.3.22)

(3) $D^{-1} e^{ax} = \dfrac{1}{a} e^{ax}$ (6.3.23)

(4) $D^{-1} \dfrac{1}{x} = \log x$ (6.3.24)

(5) $D^{-1} \sin(ax) = -\dfrac{1}{a} \cos(ax)$ (6.3.25)

(6) $D^{-1} \cos(ax) = \dfrac{1}{a} \sin(ax)$ (6.3.26)

6.3.3 ● 微分演算子の公式

本書で取り扱う微分方程式は微分演算子Dの多項式で表されます．例えば，$y'' + 3y' + 2y = f(x)$ ならば，次のように書けます．

$$D^2 y + 3Dy + 2y = f(x) \quad (6.3.27)$$

> 上の式を整理すると，次のようになります

$$(D^2 + 3D + 2)y = f(x) \quad または \quad (D+1)(D+2)y = f(x)$$
(6.3.28)

このように書けるということは，次の式6.3.29と式6.3.30を暗に仮定しています．つまり，微分演算子Dと逆演算子D^{-1}は線形演算子の一種であり，DとD^{-1}の多項式をϕ_1, ϕ_2とし，xの任意の関数をyと書くと，次の式を満たしています．

$$(\phi_1 + \phi_2)y = \phi_1 y + \phi_2 y \qquad (6.3.29)$$
$$(\phi_1 \phi_2)y = \phi_1 \phi_2 y = \phi_1(\phi_2 y) = \phi_2 \phi_1 y \qquad (6.3.30)$$

これらは，多くの読者にとって当然と感じられる式でしょう．むしろ，これらが成り立っていないときに，注意を喚起すれば充分でしょう．これらを公式にまとめましょう．

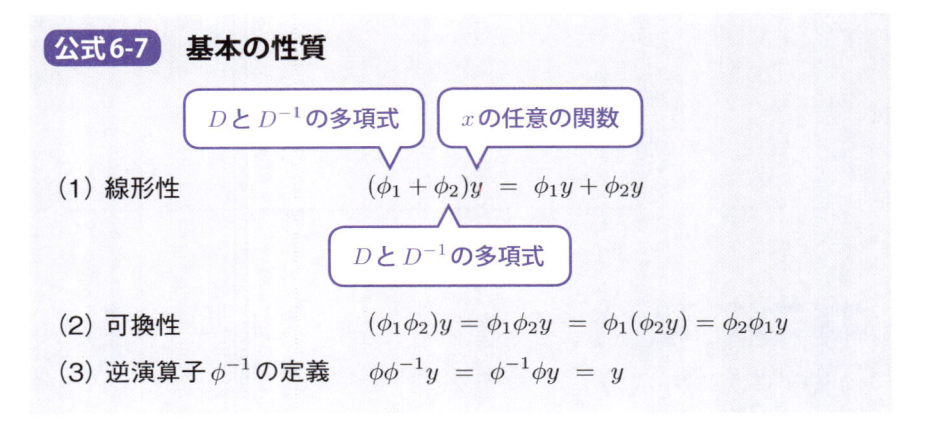

公式6-7 基本の性質

（1）線形性　　　$(\phi_1 + \phi_2)y = \phi_1 y + \phi_2 y$
　　　　　　　　　　（DとD^{-1}の多項式，xの任意の関数）

（2）可換性　　　$(\phi_1 \phi_2)y = \phi_1 \phi_2 y = \phi_1(\phi_2 y) = \phi_2 \phi_1 y$

（3）逆演算子ϕ^{-1}の定義　$\phi\phi^{-1}y = \phi^{-1}\phi y = y$

本書で取り扱う微分方程式$y'' + ay' + by = f(x)$は，次のように書くことができます．ただし，$\lambda_{1,2}$は特性方程式の解です[6]．

---

[6] $\lambda_{1,2}$は特性方程式の解ですから，$(D^2 + aD + b) = (D - \lambda_1)(D - \lambda_2)$と因数分解できます．

$(D^2 + aD + b)y = f(x)$ または $(D - \lambda_1)(D - \lambda_2)y = f(x)$
$$\tag{6.3.31}$$

ということは，微分方程式の解は，形式的に，次のように書くことができます．

$$y = (D - \lambda_2)^{-1}(D - \lambda_1)^{-1} f(x) \tag{6.3.32}$$

そう考えると，$(D - \lambda)^{-1} f(x)$ を計算する公式の重要性が理解できます．$(D - \lambda)^{-1} f(x)$ を計算するための公式を次にまとめます．

公式 6-8　微分方程式を解くための公式1

$(D - \lambda)^{-1} f(x) = e^{\lambda x} D^{-1} \{e^{-\lambda x} f(x)\}$

> 両辺に左から $(D - \lambda)$ をかけると，右辺は，
> $(D - \lambda) \left[e^{\lambda x} D^{-1} \{e^{-\lambda x} f(x)\} \right]$
> $= D \left[e^{\lambda x} D^{-1} \{e^{-\lambda x} f(x)\} \right] - \lambda \left[e^{\lambda x} D^{-1} \{e^{-\lambda x} f(x)\} \right]$
> $= \left[\underbrace{\lambda e^{\lambda x} D^{-1} \{e^{-\lambda x} f(x)\}}_{e^{\lambda x} \text{を微分した項}} + e^{\lambda x} \underbrace{\{e^{-\lambda x} f(x)\}}_{D^{-1}\{e^{-\lambda x} f(x)\} \text{を微分した項}} \right] - \lambda \left[e^{\lambda x} D^{-1} \{e^{-\lambda x} f(x)\} \right]$
> $= f(x)$

練習問題 6-10

公式6-8を使って，次の式を証明しましょう．

$$(D - \lambda)^{-1} e^{\lambda x} = x e^{\lambda x} \tag{6.3.33}$$

解答

公式 6-8 で $f(x) = e^{\lambda x}$ とおくと次の式が成り立ちます．

$$
\begin{aligned}
(D-\lambda)^{-1} e^{\lambda x} &= e^{\lambda x} D^{-1} \{ e^{-\lambda x} e^{\lambda x} \} \\
&= x e^{\lambda x}
\end{aligned}
\tag{6.3.34}
$$

（$D^{-1} 1 = x$）

練習問題 6-11

公式 6-8 を使って，次の式を証明しましょう．

$$
(D-\lambda)^{-1} e^{\alpha x} = \frac{1}{\alpha - \lambda} e^{\alpha x}
\tag{6.3.35}
$$

解答

公式 6-8 で $f(x) = e^{\alpha x}$ とおくと次の式が成り立ちます．

$$
\begin{aligned}
(D-\lambda)^{-1} e^{\alpha x} &= e^{\lambda x} D^{-1} \{ e^{-\lambda x} e^{\alpha x} \} \\
&= \frac{1}{\alpha - \lambda} e^{\alpha x}
\end{aligned}
\tag{6.3.36}
$$

（$D^{-1} e^{(\alpha - \lambda)x} = \dfrac{1}{\alpha - \lambda} e^{(\alpha - \lambda)x}$）

練習問題 6-12

公式 6-8 を使って，次の式を証明しましょう．

$$
(D-\lambda)^{-2} e^{\lambda x} = \frac{1}{2} x^2 e^{\lambda x}
\tag{6.3.37}
$$

解答

式 6.3.33 を使い，次に公式 6-8 で $f(x) = xe^{\lambda x}$ とおくと次の式が成り立ちます．

$$(D-\lambda)^{-2} e^{\lambda x} = (D-\lambda)^{-1} \underbrace{\left(xe^{\lambda x}\right)}_{(D-\lambda)^{-1} e^{\lambda x}}$$

$f(x) = xe^{\lambda x}$ とおき，公式 6-8 を使うと，

$$= e^{\lambda x} D^{-1} \left\{ e^{-\lambda x} \left(xe^{\lambda x}\right) \right\}$$

$$= \underbrace{\frac{1}{2} x^2 e^{\lambda x}}_{D^{-1} x = \frac{1}{2} x^2} \quad (6.3.38)$$

練習問題 6-13

公式 6-8 を使って，次の式を証明しましょう．

$$(D-\lambda)^{-2} e^{\alpha x} = \frac{1}{(\alpha-\lambda)^2} e^{\alpha x} \quad (6.3.39)$$

解答

式 6.3.35 を使って，次に公式 6-8 で $f(x) = e^{\alpha x}$ とおくと次の式が成り立ちます．

$$(D-\lambda)^{-2} e^{\alpha x} = (D-\lambda)^{-1} \left(\frac{1}{\alpha-\lambda} e^{\alpha x} \right)$$

$f(x) = \dfrac{1}{\alpha-\lambda} e^{\lambda x}$ とおき，公式 6-8 を使うと，

$$= e^{\lambda x} D^{-1} \left\{ e^{-\lambda x} \left(\frac{1}{\alpha-\lambda} e^{\alpha x} \right) \right\}$$

$$= \underbrace{\frac{1}{(\alpha-\lambda)^2} e^{\alpha x}}_{D^{-1} e^{(\alpha-\lambda)x} = \frac{1}{\alpha-\lambda} e^{(\alpha-\lambda)x}} \quad (6.3.40)$$

6-3 ■ 微分演算子法による特解の求め方

> **練習問題 6-14**
>
> 公式6-8を使って，次の式を計算しましょう．
> $$(D-\lambda)^{-2}\,0 \tag{6.3.41}$$

> **解 答**
>
> 次式の両辺に $(D-\lambda)$ をかけることにより，次の式が成り立つことを確かめることができます．
> $$(D-\lambda)^{-1}\,0 \;=\; e^{\lambda x} \tag{6.3.42}$$
>
> 次に，式6.3.33を使って次のようになります．
> $$(D-\lambda)^{-2}\,0 \;=\; (D-\lambda)^{-1}\,e^{\lambda x} \;=\; x e^{\lambda x} \tag{6.3.43}$$
>
> この式は，特性方程式が重解を持つ $y''-2\lambda y'+\lambda^2 y=0$ の基本解が，$e^{\lambda x}$ と $xe^{\lambda x}$ であることを教えてくれます[7]．

ここまでは，$f(x)$ がどんな関数でも成り立つ公式を使って計算をしてきました．しかし，べき関数 $f(x)$ に対して，$(1-D)^{-1}f(x)$ を計算したい場合もあります．そのようなとき成り立つ公式について考えましょう．

例えば，$f(x)=x$ のとき，$(1-D)(1+D)f(x)=(1-D^2)x=x=f(x)$ です．両辺に $(1-D)^{-1}$ をかけて，左右の辺を入れ替えると，次の式が成り立ちます．

$$(1-D)^{-1}f(x) \;=\; (1+D)f(x) \tag{6.3.44}$$

これを一般化して公式にまとめましょう．

---

[7] ①$(D-\lambda)^{-1}\,0 \;=\; e^{\lambda x}$ だから，$(D-\lambda)e^{\lambda x}=0$ であり，もちろん，
$(D-\lambda)^2 e^{\lambda x}=(D^2-2\lambda D+\lambda^2)e^{\lambda x}=0$ です．
②$(D-\lambda)^{-2}\,0 \;=\; xe^{\lambda x}$ だから，$(D-\lambda)^2\,(xe^{\lambda x})=(D^2-2\lambda D+\lambda^2)\,(xe^{\lambda x})=0$ です．

第6章 2階線形非同次微分方程式

公式6-9　微分方程式を解くための公式2：$f(x)$がべき関数のとき

$$f(x) = a_0 + a_1 x + \cdots + a_n x^n$$

$$(1-D)^{-1} f(x) = (1 + D + D^2 + \cdots + D^n) f(x)$$

> 右辺に$(1-D)$をかけると，
> $(1-D)(1 + D + D^2 + \cdots + D^n) f(x) = (1 - D^{n+1}) f(x) = f(x)$
> となるから，　$f(x)$がx^nまでの次数の項からなるとき，$D^{n+1} f(x) = 0$

Dを定数倍した次の式も成り立ちます．

$$(1-cD)^{-1} f(x) = \{1 + (cD) + (cD)^2 + \cdots + (cD)^n\} f(x)$$

練習問題6-15

公式6-9を使って，次の式を計算しましょう．

$$(1-D)^{-2} x \tag{6.3.45}$$

解答

公式6-9を使って次のようになります．

$$(1-D)^{-1} x = (1+D)x = x+1$$

もう一度，公式6-9を使って，

$$\begin{aligned}
(1-D)^{-2} x &= (1-D)^{-1}(x+1) \\
&= (1+D)(x+1) \\
&= x+1+1 \\
&= x+2
\end{aligned} \tag{6.3.46}$$

6.3.4 ● 指数関数形（三角関数形を含む）の特解

本節では，$y'' + ay' + cy = e^{\alpha x}$ 形の微分方程式を取り扱います．指数 α が特性方程式の解と一致しない場合，第6-2節の方法で解くこともでき，同じ結果を与えます．

(i) 指数が特性方程式の解でない場合

本節で取り扱う微分方程式は，微分演算子の記号を用いて次のように書けます．なお，α は複素数です．

$$y'' + ay' + cy = e^{\alpha x} \quad \to \quad (D - \lambda_1)(D - \lambda_2)y = e^{\alpha x}$$
特性方程式が単解　（6.3.47）

$$\to \quad (D - \lambda)^2 y = e^{\alpha x}$$
特性方程式が重解　（6.3.48）

この微分方程式の解は，式6.3.35を2回使って，求めることができます．公式にまとめましょう．

公式 6-10 指数が特性方程式の解でない場合 $(\alpha \neq \lambda)$

$(D - \lambda_1)(D - \lambda_2)y = e^{\alpha x}$ の解は $\to$ $y_\mathrm{s} = \dfrac{1}{(\alpha - \lambda_1)(\alpha - \lambda_2)} e^{\alpha x}$

$$\begin{aligned}(D - \lambda_1)^{-1}(D - \lambda_2)^{-1} e^{\alpha x} &= (D - \lambda_1)^{-1} \frac{1}{(\alpha - \lambda_2)} e^{\alpha x} \\ &= \frac{1}{(\alpha - \lambda_1)(\alpha - \lambda_2)} e^{\alpha x}\end{aligned}$$

$(D - \lambda)^2 y = e^{\alpha x}$ の解は $\to$ $y_\mathrm{s} = \dfrac{1}{(\alpha - \lambda)^2} e^{\alpha x}$

結果は，公式6-3と同じです

練習問題 6-16

次の微分方程式の特解を求めましょう．
$$y'' + 3y' + 2y = e^{-3x} \tag{6.3.49}$$

解答

微分演算子を使って微分方程式を書き直すと次のようになります．
$$(D+1)(D+2)y = e^{-3x} \tag{6.3.50}$$

公式 6-10 より，特解は次のようになります．
$$y_\mathrm{s} = \frac{1}{(-3+1)(-3+2)}e^{-3x} = \frac{1}{2}e^{-3x} \tag{6.3.51}$$

練習問題 6-17

次の微分方程式の特解を求めましょう．
$$y'' + 3y' + 2y = \cos x \tag{6.3.52}$$

解答

公式 6-10 を使って，式 $y'' + 3y' + 2y = e^{ix}$ の特解を求めると，次のようになります．
$$y_\mathrm{s} = \frac{1}{(i+1)(i+2)}e^{ix} = \frac{1}{1+3i}e^{ix} = \frac{1-3i}{10}e^{ix} \tag{6.3.53}$$

この式，つまり，$\frac{1-3i}{10}(\cos x + i\sin x)$ の実数部分が元の微分方程式の特解ですから，答えは次のようになります．
$$y_\mathrm{s} = \frac{1}{10}\cos x + \frac{3}{10}\sin x \tag{6.3.54}$$

(ii) 指数が特性方程式の解である場合 1

本節では，特性方程式が単解を2つ持ち，その一方が非同次項の指数と一致している場合を取り扱います．微分方程式は，微分演算子の記号を用いて次のように書けます．

$$y'' + ay' + cy = e^{\lambda_1 x} \quad \rightarrow \quad (D - \lambda_1)(D - \lambda_2)y = e^{\lambda_1 x} \tag{6.3.55}$$

この微分方程式の解は，式6.3.33と式6.3.35を使って，求めることができます．公式にまとめましょう．

公式6-11 指数が特性方程式（単解）の解である場合（$\alpha = \lambda_1$ とする）

$$(D - \lambda_1)^{-1}\{(D - \lambda_2)^{-1}e^{\lambda_1 x}\} = (D - \lambda_1)^{-1}\frac{1}{(\lambda_1 - \lambda_2)}e^{\lambda_1 x}$$
$$= \frac{1}{(\lambda_1 - \lambda_2)}(xe^{\lambda_1 x})$$

$(D - \lambda_1)(D - \lambda_2)y = e^{\lambda_1 x}$ の解は $\rightarrow \quad y_s = \dfrac{x}{(\lambda_1 - \lambda_2)}e^{\lambda_1 x}$

練習問題 6-18

次の微分方程式の特解を求めましょう．

$$y'' + 3y' + 2y = e^{-x} \tag{6.3.56}$$

解答

与式を微分演算子を使って表すと，$(D+1)(D+2)y = e^{-x}$ です．公式6-11を使って，特解は次のようになります．

$$y_s = \frac{x}{-1 - (-2)}e^{-x} = xe^{-x} \tag{6.3.57}$$

特解を図6-3-3に示しました．

◆図6-3-3　$y'' + 3y' + 2y = e^{-x}$ の特解

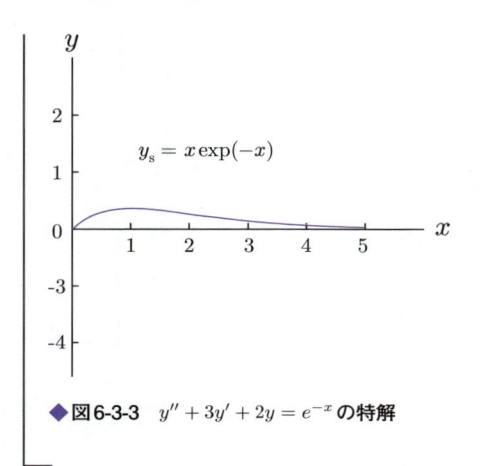

練習問題6-19

次の微分方程式の特解を求めましょう．

$$y'' + 5y' + 6y = e^{-2x} \tag{6.3.58}$$

解答

与式を微分演算子を使って表すと，$(D+2)(D+3)y = e^{-2x}$ です．公式6-11を使って，特解は次のようになります．

$$y_s = \frac{x}{-2-(-3)}e^{-2x} = xe^{-2x} \tag{6.3.59}$$

練習問題6-20

次の微分方程式の特解を求めましょう．

$$y'' + y = \sin x \tag{6.3.60}$$

解 答

まず,微分方程式 $y'' + y = (D-i)(D+i)y = e^{ix}$ の解を考えます. 公式 6-11 を使って, 特解は次のようになります.

$$y_s = \frac{x}{i-(-i)} e^{ix} = -\frac{ix}{2} e^{ix} \tag{6.3.61}$$

この式の虚数部分が求める特解です. 結果は次のようになります.

$$y_s = -\frac{x}{2} \cos x \tag{6.3.62}$$

特解を図 6-3-4 に示しました.

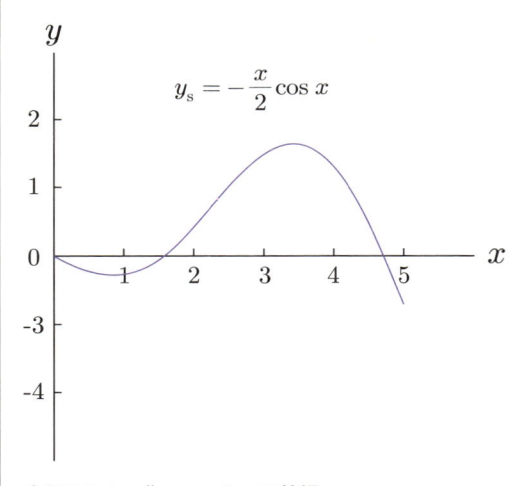

◆図 6-3-4　$y'' + y = \sin x$ の特解

練習問題 6-21

次の微分方程式の特解を求めましょう.

$$y'' + y = \cos x \tag{6.3.63}$$

> **解 答**
>
> まず，微分方程式 $y'' + y = (D-i)(D+i)y = e^{ix}$ の解を考えます．公式6-11を使って，特解は次のようになります．
> $$y_s = \frac{x}{i-(-i)}e^{ix} = -\frac{ix}{2}e^{ix} \qquad (6.3.64)$$
> この式の実数部分が求める特解です．結果は次のようになります．
> $$y_s = \frac{x}{2}\sin x \qquad (6.3.65)$$

(iii) 指数が特性方程式の解である場合2

本節では，特性方程式が重解を持ち，それが非同次項の指数と一致している場合を取り扱います．微分方程式は，微分演算子の記号を用いて次のように書けます．

$$y'' + ay' + cy = e^{\lambda x} \rightarrow (D-\lambda)^2 y = e^{\lambda x} \quad (6.3.66)$$

この微分方程式の解は，式6.3.37を使って，求めることができます．公式にまとめましょう．

> **公式6-12** 指数が特性方程式（重解）の解である場合 $(\alpha = \lambda)$
>
> $(D-\lambda)^2 y = e^{\lambda x}$ の解は $\rightarrow$ $y_s = \dfrac{x^2}{2}e^{\lambda x}$
>
> > 式6.3.37より，$(D-\lambda)^{-2} e^{\lambda x} = \dfrac{x^2}{2}e^{\lambda x}$

> **練習問題 6-22**
>
> 次の微分方程式の特解を求めましょう．
> $$y'' + 2y' + y = e^{-x} \qquad (6.3.67)$$

解 答

与式を微分演算子を使って表すと，$(D+1)^2 y = e^{-x}$ です．公式 6-12 を使って，特解は次のようになります．

$$y_s = \frac{x^2}{2} e^{-x} \tag{6.3.68}$$

特解を**図 6-3-5** に示しました．

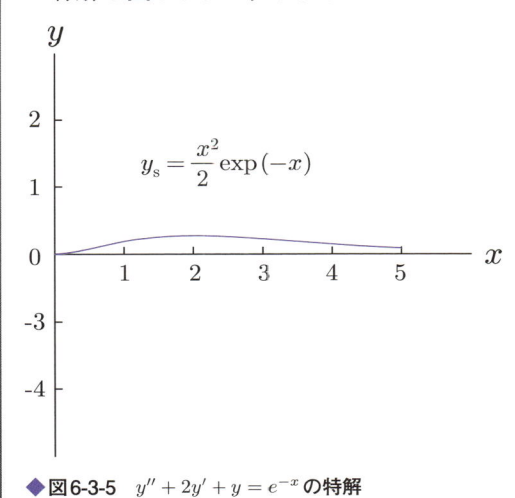

◆**図 6-3-5** $y'' + 2y' + y = e^{-x}$ の**特解**

練習問題 6-23

次の微分方程式の特解を求めましょう．

$$y'' + 4y' + 4y = e^{-2x} \tag{6.3.69}$$

解 答

与式を微分演算子を使って表すと，$(D+2)^2 y = e^{-2x}$ です．公式 6-12 を使って，特解は次のようになります．

$$y_s = \frac{x^2}{2} e^{-2x} \tag{6.3.70}$$

6.3.5 • べき関数形の特解

本節では，非同次項 $f(x)$ が x のべき関数である $y'' + ay' + cy = f(x)$ 形の微分方程式を取り扱います．微分方程式は，微分演算子の記号を用いて次のように書けます．

$$y'' + ay' + cy = f(x) \quad \rightarrow \quad (D - \lambda_1)(D - \lambda_2)y = f(x)$$

(6.3.71)

この微分方程式の解は，公式6-9を使って，求めることができます．公式にまとめましょう．

公式6-13 非同次項 $f(x)$ が x のべき関数であり，特性方程式が単解の場合

$(D - \lambda_1)(D - \lambda_2)y = f(x)$ の解は

$$\rightarrow \quad y_s = \frac{1}{\lambda_1 \lambda_2} \left(1 - \frac{D}{\lambda_1}\right)^{-1} \left(1 - \frac{D}{\lambda_2}\right)^{-1} f(x)$$

公式1-9を使って，$n = 2$ の場合の式を書くと，

$$\rightarrow \quad y_s = \frac{1}{\lambda_1 \lambda_2} \left\{1 + \left(\frac{D}{\lambda_1}\right) + \left(\frac{D}{\lambda_1}\right)^2\right\} \left\{1 + \left(\frac{D}{\lambda_2}\right) + \left(\frac{D}{\lambda_2}\right)^2\right\} f(x)$$

練習問題6-24

次の微分方程式の特解を求めましょう．

$$y'' + 3y' + 2y = 1$$

(6.3.72)

解答

与式を微分演算子を使って表すと，$(D+2)(D+1)y = 1$ です．公式 6-13 を使って，特解は次のようになります．

$$y_\mathrm{s} = \frac{1}{2}\left(1 - \frac{D}{2}\right)(1-D)\,1 = \frac{1}{2} \tag{6.3.73}$$

もちろん，この特解は，一目で見つけることができます．

練習問題 6-25

次の微分方程式の特解を求めましょう．

$$y'' + 3y' + 2y = x \tag{6.3.74}$$

解答

与式を微分演算子を使って表すと，$(D+2)(D+1)y = x$ です．公式 6-13 を使って，特解は次のようになります．

$$\begin{aligned}
y_\mathrm{s} &= \frac{1}{2}\left(1 - \frac{D}{2}\right)(1-D)\,x \\
&= \frac{1}{2}\left(1 - \frac{D}{2}\right)(x-1) \\
&= \frac{1}{2}\left(x - 1 - \frac{1}{2}\right) = \frac{x}{2} - \frac{3}{4}
\end{aligned} \tag{6.3.75}$$

練習問題 6-26

次の微分方程式の特解を求めましょう．

$$y'' + 2y' + y = x^2 \tag{6.3.76}$$

解答

与式を微分演算子を使って表すと，$(D+1)^2 y = x^2$ です．公式6-13を使って，特解は次のようになります．

$$
\begin{aligned}
y_s &= \underbrace{\left(1 - D + D^2\right)}_{+(-D)} \underbrace{\left(1 - D + D^2\right)}_{+(-D)^2} x^2 \\
&= \left(1 - D + D^2\right)\left(x^2 - 2x + 2\right) \\
&= x^2 - 2x + 2 - (2x - 2) + 2 = x^2 - 4x + 6 \quad (6.3.77)
\end{aligned}
$$

次のような別解があります．

$y = Ax^2 + Bx + C$ とおく．

$y' = 2Ax + B$，$y'' = 2A$ となるので，(6.3.76) に代入すると，

$2A + 2(2Ax + B) + Ax^2 + Bx + C = x^2$

整理すると，

$(A - 1)x^2 + (4A + B)x + 2A + 2B + C = 0$

よって，$A - 1 = 0$，$4A + B = 0$，$2A + 2B + C = 0$

となり，$A = 1$，$B = -4$，$C = 6$

つまり，$y_s = x^2 - 4x + 6$

6.4 ラプラス変換による解の求め方

　第5章では，複素指数関数を利用して，線形同次微分方程式の一般解を求める方法を学びました．第6-2節と第6-3節で，線形非同次微分方程式の特解を求める方法を学びました．本節で学ぶラプラス変換は，（一般解を求めることなく，一気に，）与えられた条件を満たす線形非同次微分方程式の解を求めることができます．

　ラプラス変換を使った微分方程式の解法は次のような手順です．

（1）ラプラス変換により微分方程式を微分を含まない方程式に変える．
（2）微分を含まない方程式の解を求める．
（3）逆ラプラス変換で微分方程式の解に変換する．

　ラプラス変換を使った微分方程式の解法は，電圧などを加えた直後の解を求めることができます．いわゆる，過渡現象を扱うのに便利な方法といえます．

6.4.1 ● ラプラス変換

　ラプラス変換を利用して微分方程式を解くために，ラプラス変換，逆ラプラス変換を定義し，ラプラス変換に関する基本的な公式を学びます．微分方程式の解法への応用は，第6-4-2節以降で取り扱います．

(i) ラプラス変換と逆ラプラス変換

ラプラス変換が微分方程式を解くために利用できるのは，微分を掛け算になおすことができるからです．ラプラス変換は公式6-14のように定義されます．

公式6-14 ラプラス変換の定義

イメージ関数，$\mathcal{L}[f]$ または $\mathcal{L}[f](s)$ と書くこともある

$$F(s) = \int_0^\infty e^{-sx} f(x) \, \mathrm{d}x \quad \cdots \quad s = \alpha + i\beta, \ \alpha > 0$$

オリジナル関数

大文字の関数で不定積分を表すこともありますが，ここでは，$F(s)$ はイメージ関数です．

練習問題6-27

公式6-14を使って，$f(x) = 1$ としたときのイメージ関数 $F(s)$ を計算しましょう．

6-4 ラプラス変換による解の求め方

解 答

公式6-14を使って関数1のイメージ関数を計算すると次のようになります．

$$F(s) = \int_0^\infty e^{-sx} \, dx$$

$$= \left[-\frac{1}{s} e^{-sx} \right]_0^\infty$$

> sの実数部分が正だから，$x \to \infty$のとき$e^{-sx} \to 0$

$$= \frac{1}{s} \tag{6.4.1}$$

練習問題 6-28

公式6-14を使って，$f(x) = x$としたときのイメージ関数$F(s)$を計算しましょう．

解 答

公式6-14を使って関数xのイメージ関数を計算すると次のようになります．

> 部分積分する

$$F(s) = \int_0^\infty e^{-sx} x \, dx$$

> e^{-sx}の不定積分　　e^{-sx}の不定積分　　xの導関数

$$= \left[-\frac{1}{s} e^{-sx} x \right]_0^\infty - \int_0^\infty -\frac{1}{s} e^{-sx} \cdot 1 \, dx$$

> sの実数部分が正だから，$x \to \infty$のとき$e^{-sx} \to 0$，かつ，$x = 0$を代入するとxの項がゼロ

$$= 0 + \frac{1}{s}\int_0^\infty e^{-sx} \cdot 1 \, dx$$

> $\int_0^\infty e^{-sx}\cdot 1\,dx$ は1のイメージ関数であり $\frac{1}{s}$ となる

$$= \frac{1}{s^2} \tag{6.4.2}$$

練習問題 6-29

公式6-14を使って，$f(x) = e^{\alpha x}$ としたときのイメージ関数 $F(s)$ を計算しましょう．

解 答

公式6-14を使って関数 $e^{\alpha x}$ のイメージ関数を計算すると次のようになります．

$$\begin{aligned}F(s) &= \int_0^\infty e^{-sx} e^{\alpha x} \, dx \\ &= \left[-\frac{1}{s-\alpha} e^{-(s-\alpha)x} \right]_0^\infty\end{aligned}$$

> $s-\alpha$ の実数部分が正だから，$x \to \infty$ のとき $e^{-(s-\alpha)x} \to 0$ かつ，$x=0$ を代入すると $e^{-(s-\alpha)x} = 1$

$$= \frac{1}{s-\alpha} \tag{6.4.3}$$

(ii) 基本関数のラプラス変換

よく使われる基本関数に対するイメージ関数を練習問題で計算しました．公式6-15にまとめます．オリジナル関数からイメージ関数への変換だけでなく，逆の変換も覚えておく

必要があります．ちょうど，微分の公式を覚えて，積分の計算をするようなものです．

> **公式6-15** 基本関数のイメージ関数
>
> オリジナル関数　　イメージ関数
>
> (1) 定数関数　　$f(x) = 1$　$\Rightarrow$　$F(s) = \dfrac{1}{s}$
>
> (2) べき関数　　$f(x) = x$　$\Rightarrow$　$F(s) = \dfrac{1}{s^2}$
>
> (3) 指数関数　　$f(x) = e^{\alpha x}$　$\Rightarrow$　$F(s) = \dfrac{1}{s - \alpha}$
>
> 　　　　　　　　　　　　　　　　　　　　↑
> 　　　　　　　　　　　　　　　　　　α は複素数

> **練習問題6-30**
>
> 公式6-15を使って，$f(x) = \cos x$ としたときのイメージ関数 $F(s)$ を計算しましょう．

解答

公式6-15を使って関数 e^{ix} のイメージ関数を計算すると次のようになります．

$$\mathcal{L}\left[e^{ix}\right] = \frac{1}{s - i} = \frac{s + i}{s^2 + 1} \tag{6.4.4}$$

この実数部分が $f(x) = \cos x$ としたときのイメージ関数 $F(s)$ ですから，次のようになります．

$$F(s) = \frac{s}{s^2 + 1} \tag{6.4.5}$$

(iii) ラプラス変換の公式

練習問題6-30では，暗黙のうちに，線形性を示す次の公式を使いました．

> 1次結合のイメージ関数は，イメージ関数の1次結合

$$\mathcal{L}[c_1 f(x) + c_2 g(x)] = c_1 F(s) + c_2 G(s) \qquad (6.4.6)$$

この公式は，大切な公式ですが，多くの読者は当然成り立っていると感じるでしょう．

ラプラス変換を微分方程式を解くために利用することを考えると，微分の式をラプラス変換したとき，微分を含まないシンプルな式になることが重要です．微分した関数 $f'(x)$ のラプラス変換を考えてみましょう．オリジナル関数 $f(x)$ のイメージ関数が $F(s)$ であるとします．公式6-14に従ってイメージ関数を計算すると次のようになります．

$$\mathcal{L}[f'(x)] = \int_0^\infty e^{-sx} f'(x) \, \mathrm{d}x$$

> 部分積分する

> $f'(x)$ の不定積分

$$= \left[e^{-sx} f(x) \right]_0^\infty - \int_0^\infty -s e^{-sx} f(x) \, \mathrm{d}x$$

> $f'(x)$ の不定積分

> e^{-sx} の微分

$$= -f(0) + sF(s) \qquad (6.4.7)$$

> s の実数部分が正だから，$x \to \infty$ のとき $e^{-sx} \to 0$ かつ，$x = 0$ を代入すると $e^{-sx} = 1$

これらのラプラス変換の基本公式を公式6-16にまとめます．

公式 6-16　ラプラス変換の基本公式

(1) 1 次結合　　$\mathcal{L}[c_1 f(x) + c_2 g(x)] \Rightarrow c_1 F(s) + c_2 G(s)$

(2) 1 階微分　　$\mathcal{L}[f'(x)] \Rightarrow sF(s) - f(0)$

(3) 2 階微分　　$\mathcal{L}[f''(x)] \Rightarrow s^2 F(s) - sf(0) - f'(0)$

オリジナル関数の世界での「微分」は，イメージ関数の世界では「s をかけて定数を加える」という演算になります．このことにより，微分方程式を解くとき，ラプラス変換を利用することを可能になります．

練習問題 6-31

公式 6-16 の 2 階微分の公式を証明しましょう．

解 答

公式 6-14 に従ってイメージ関数を計算すると次のようになります．

$$\mathcal{L}[f''(x)] = \int_0^\infty e^{-sx} f''(x)\, \mathrm{d}x$$

（部分積分する／$f''(x)$ の不定積分）

$$= \left[e^{-sx} f'(x) \right]_0^\infty - \int_0^\infty -s e^{-sx} f'(x)\, \mathrm{d}x$$

（$f''(x)$ の不定積分／e^{-sx} の微分）

$$= -f'(0) + s \int_0^\infty e^{-sx} f'(x)\, \mathrm{d}x$$

（s の実数部分が正だから，$x \to \infty$ のとき $e^{-sx} \to 0$ かつ，$x = 0$ を代入すると $e^{-sx} = 1$）

$$= -f'(0) + s\{-f(0) + sF(s)\} \tag{6.4.8}$$

（公式6-16の1階微分の公式）

練習問題 6-32

公式 6-16 を使って，次の微分方程式をラプラス変換しましょう．
$$y'' + 3y' + 5y = 1 \tag{6.4.9}$$

解 答

関数 y のイメージ関数を $Y(s)$ とします．公式 6-14 と公式 6-16 を使って，ラプラス変換すると次のようになります．

$$\{s^2 Y(s) - sy(0) - y'(0)\} + 3\{sY(s) - y(0)\} + 5Y(s) = \frac{1}{s} \tag{6.4.10}$$

（1のイメージ関数）

（定数であり，初期条件として与えられているとする）

（定数であり，初期条件として与えられているとする）

6.4.2 • ラプラス変換による微分方程式の解法

ラプラス変換により微分方程式を解くには，ラプラス変換により，微分を含まない方程式に変換します．次に，方程式を解いて，微分方程式の解のイメージ関数を求めます．最後に，逆ラプラス変換により，微分方程式の解を求めます．

(i) ラプラス変換により微分方程式を通常の方程式に

ラプラス変換をすると，微分方程式は公式 6-16 にしたがっ

て，微分を含まない方程式に変換されます．このことを公式にまとめましょう．

公式6-17 微分方程式を通常の方程式に

$y'' + by' + c = f(x)$ をラプラス変換すると，

$s^2 Y(s) - sy(0) - y'(0) + b\{sY(s) - y(0)\} + cY(s) = F(s)$

$y'' + by' + c = f(x)$ の解のイメージ関数 $Y(s)$ を求めると，

$$Y(s) = \frac{F(s) + sy(0) + y'(0) + by(0)}{s^2 + bs + c}$$

練習問題 6-33

初期条件が $y(0) = 0$，$y'(0) = 0$ の場合，次の微分方程式をラプラス変換し，解のイメージ関数 $Y(s)$ を求めましょう．

$$y' + 2y = e^{-x} \tag{6.4.11}$$

解 答

公式6-17を使って，初期条件を代入すると次式が得られます．

$\mathcal{L}[e^{-x}] = \dfrac{1}{s+1}$

$$sY(s) + 2Y(s) = \frac{1}{s+1} \tag{6.4.12}$$

$$Y(s) = \frac{1}{(s+1)(s+2)} \tag{6.4.13}$$

$\dfrac{1}{(s+1)(s+2)} = \dfrac{1}{(s+1)} - \dfrac{1}{(s+2)}$ ということに気づくと，
公式6-15と比較して，解のオリジナル関数が
$y = e^{-x} - e^{-2x}$ ということが分かります

(ii) 解のイメージ関数をオリジナル関数に変換

練習問題6-33の解のイメージ関数$Y(s)$は，吹き出しに示した変形に気づけば，逆ラプラス変換で解のオリジナル関数yを求めることができました．

多くの場合，このときの方法，部分分数分解を応用することができます．得られた解のイメージ関数$Y(s)$は，(sの冪関数)÷(sの冪関数) という式になっています．一方，公式6-15で逆変換するためには，イメージ関数が$\frac{1}{s-a}$の和で表される必要があります．そのために有効な方法が部分分数展開法です．

公式6-18　部分分数展開法

> 右辺を変形すると，左辺と一致することを確かめてください

$$\frac{1}{(s-a)(s-b)} = \frac{1}{(a-b)}\left[\frac{1}{(s-a)} - \frac{1}{(s-b)}\right]$$

練習問題6-34

初期条件を$y'(0)=2$として，次の微分方程式の解を求めましょう．

$$y' + y = 1 \tag{6.4.14}$$

解答

微分方程式をラプラス変換し，解のイメージ関数を求め，解のオリジナル関数を求めます．

6-4 ラプラス変換による解の求め方

> $y' + y = 1$ をラプラス変換

$$sY(s) - 2 + Y(s) = \frac{1}{s}$$

> $(s+1)Y(s) = \frac{1}{s} + 2$ として，両辺を $(s+1)$ で割る

$$Y(s) = \frac{1}{s(s+1)} + \frac{2}{s+1} = \frac{1}{s} - \frac{1}{s+1} + \frac{2}{s+1}$$

$$y(x) = \underbrace{1 - e^{-x} + 2e^{-x}} = 1 + e^{-x} \qquad (6.4.15)$$

> 公式6-15と比較して，各項を逆ラプラス変換しました

練習問題 6-35

初期条件を $y(0) = 0$，$y'(0) = 0$ として，次の微分方程式の解を求めましょう．

$$y'' + y' + \frac{1}{2}y = 1 \qquad (6.4.16)$$

解 答

微分方程式をラプラス変換して，解のイメージ関数を求めます．

> $y'' + y' + \frac{1}{2}y = 1$ をラプラス変換

$$\underbrace{s^2 Y(s) + sY(s) + \frac{1}{2}Y(s)}_{\left(s + \frac{1-i}{2}\right)\left(s + \frac{1+i}{2}\right)Y(s)} = \frac{1}{s}$$

$$Y(s) = \frac{1}{s}\frac{1}{\left(s+\frac{1-i}{2}\right)}\frac{1}{\left(s+\frac{1+i}{2}\right)} \tag{6.4.17}$$

部分分数分解法を利用して，解のオリジナル関数を求めます．

$$Y(s) = \frac{1}{s}\frac{1}{i}\left\{\frac{1}{\left(s+\frac{1-i}{2}\right)} - \frac{1}{\left(s+\frac{1+i}{2}\right)}\right\}$$

$\boxed{\dfrac{1}{i}\dfrac{2}{1-i} = \dfrac{2}{i+1} = 1-i}$

$$= \frac{1}{i}\frac{2}{1-i}\left\{\frac{1}{s} - \frac{1}{\left(s+\frac{1-i}{2}\right)}\right\} + \frac{-1}{i}\frac{2}{1+i}\left\{\frac{1}{s} - \frac{1}{\left(s+\frac{1+i}{2}\right)}\right\}$$

$\boxed{\dfrac{-1}{i}\dfrac{2}{1+i} = -\dfrac{2}{i-1} = 1+i}$

$$y(x) = 2 - (1-i)\exp\left(-\frac{x}{2} + i\frac{x}{2}\right) - (1+i)\exp\left(-\frac{x}{2} - i\frac{x}{2}\right)$$

公式6-15と比較して，各項を逆ラプラス変換しました

$$= 2 - 2\exp\left(-\frac{x}{2}\right)\cos\left(\frac{x}{2}\right) - 2\exp\left(-\frac{x}{2}\right)\sin\left(\frac{x}{2}\right) \tag{6.4.18}$$

特解を図6-4-1に示しました．

$y_s = 2 - 2\exp(-\frac{1}{2}x)\cos(\frac{1}{2}x) - 2\exp(-\frac{1}{2}x)\sin(\frac{1}{2}x)$

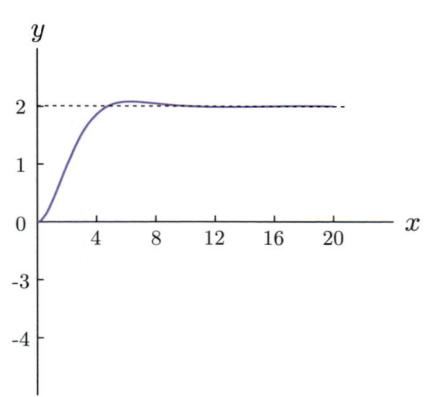

◆ 図6-4-1　$y'' + y' + \frac{1}{2}y = 1$の解（ただし，$y(0) = 0,\ y'(0) = 0$）

練習問題 6-36

初期条件を $y(0) = 0$, $y'(0) = 0$ として，次の微分方程式の解を求めましょう．

$$y'' + 3y' + 2y = e^{ix} \tag{6.4.19}$$

解 答

微分方程式をラプラス変換して，解のイメージ関数を求めます．

$y'' + 3y' + 2y = e^{ix}$ をラプラス変換

$$\underbrace{s^2 Y(s) + 3s Y(s) + 2Y(s)}_{(s+1)(s+2)Y(s)} = \frac{1}{s-i}$$

$$Y(s) = \frac{1}{(s-i)} \frac{1}{(s+1)} \frac{1}{(s+2)} \tag{6.4.20}$$

部分分数分解法を利用して，解のオリジナル関数を求めます．

$$Y(s) = \frac{1}{(s-i)} \left\{ \frac{1}{(s+1)} - \frac{1}{(s+2)} \right\}$$

$$= \underbrace{\frac{1}{1+i}}_{\frac{1}{1+i} = \frac{1-i}{2}} \left\{ \frac{1}{(s-i)} - \frac{1}{(s+1)} \right\} - \underbrace{\frac{1}{2+i}}_{\frac{1}{2+i} = \frac{2-i}{5}} \left\{ \frac{1}{(s-i)} - \frac{1}{(s+2)} \right\}$$

$\dfrac{1-i}{2} - \dfrac{2-i}{5}$

$$y(x) = \underbrace{\frac{1-3i}{10}} e^{ix} - \frac{5-5i}{10} e^{-x} + \frac{4-2i}{10} e^{-2x} \tag{6.4.21}$$

公式6-15と比較して，各項を逆ラプラス変換しました

練習問題 6-37

初期条件を $y(0) = 0$，$y'(0) = 0$ として，次の微分方程式の解を求めましょう．

$$y'' + 3y' + 2y = \sin x \tag{6.4.22}$$

解答

微分方程式 $y'' + 3y' + 2y = e^{ix}$ の虚数部分ですから，式6.4.21の虚数部分が解です．解は次のようになります．

$$\overbrace{\frac{1-3i}{10}e^{ix} = \frac{1}{10}\cos x + \frac{i}{10}\sin x + \frac{-3i}{10}\cos x + i\frac{-3i}{10}\sin x}$$

$$y(x) = \frac{1}{10}\sin x - \frac{3}{10}\cos x + \frac{5}{10}e^{-x} - \frac{2}{10}e^{-2x} \tag{6.4.23}$$

特解を**図6-4-2**に示しました．

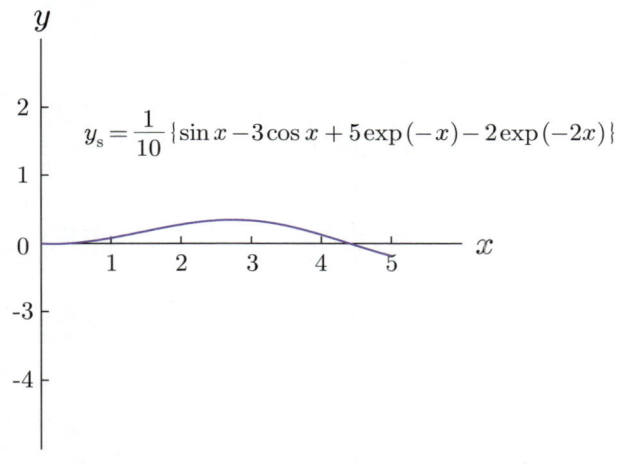

$$y_s = \frac{1}{10}\{\sin x - 3\cos x + 5\exp(-x) - 2\exp(-2x)\}$$

◆**図6-4-2** $y'' + 3y' + 2y = \sin x$ の解（ただし，$y(0) = 0$, $y'(0) = 0$）

練習問題 6-38

初期条件を $y(0) = 0$, $y'(0) = 0$ として, 次の微分方程式の解を求めましょう.

$$y'' + 3y' + 2y = \cos x \tag{6.4.24}$$

解 答

微分方程式 $y'' + 3y' + 2y = e^{ix}$ の実数部分ですから, 式6.4.21の実数部分が解です. 解は次のようになります.

$$\overbrace{\frac{1-3i}{10}e^{ix} = \frac{1}{10}\cos x + \frac{i}{10}\sin x + \frac{-3i}{10}\cos x + i\frac{-3i}{10}\sin x}$$

$$y(x) = \frac{1}{10}\cos x + \frac{3}{10}\sin x - \frac{5}{10}e^{-x} + \frac{4}{10}e^{-2x} \tag{6.4.25}$$

特解を図6-4-3に示しました.

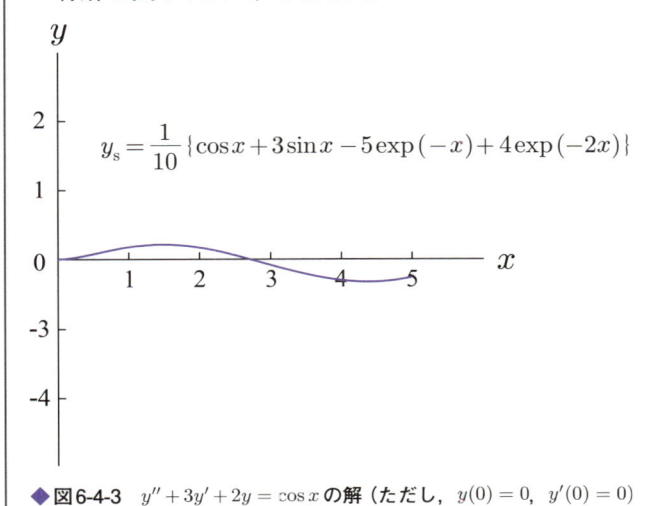

$$y_s = \frac{1}{10}\{\cos x + 3\sin x - 5\exp(-x) + 4\exp(-2x)\}$$

◆ 図6-4-3　$y'' + 3y' + 2y = \cos x$ の解（ただし, $y(0) = 0$, $y'(0) = 0$）

第6章 2階線形非同次微分方程式

パルス

　電圧や電流が，一定時間だけ，ゼロでない一定値を持つとき，**パルス**といいます．最近流行の「デジタル」はパルスの有無を「1」と「0」に対応させます．そういう意味で，パルスはとても大切です．ところで電気回路にパルスが入力したとき，出力はどうなるでしょう．その概観が図6-4-4に示してあります．もちろん，ラプラス変換の応用です．

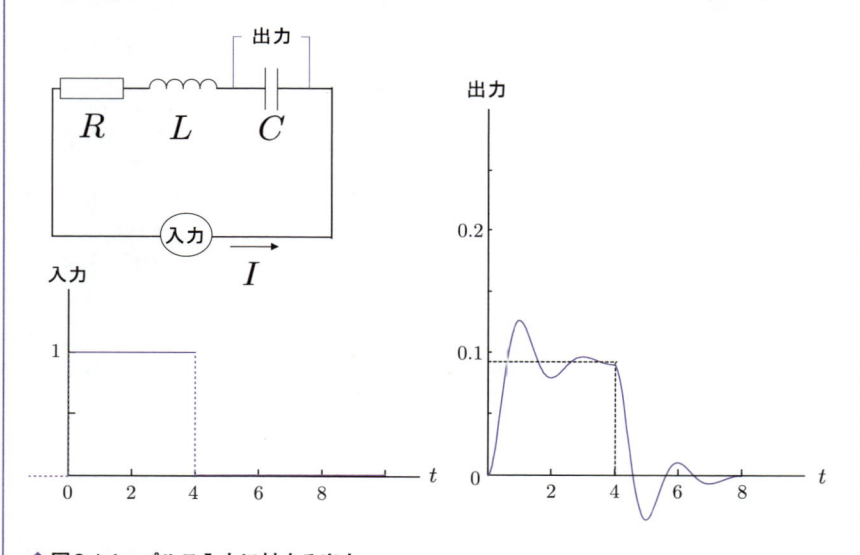

◆図6-4-4　パルス入力に対する出力

6.5 工学における例

6.5.1 ● 交流

　図のような回路において，電流を求める式を書き表しましょう．ただし，外部からかけた電圧は $V = V_0 \cos(2\pi\nu t)$ であるとします．また，コイルのインダクタンスを L，抵抗を R，コンデンサの容量を C とします．コンデンサとコイルと抵抗に流れる電流は同じです．

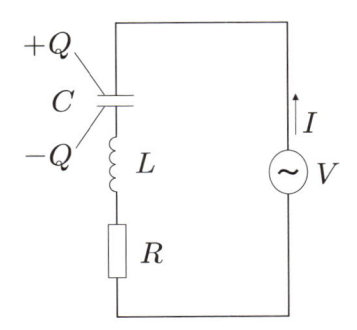

◆図6-5-1　コイルとコンデンサと抵抗

電流 I は次の式を満たします．

$$L\frac{\mathrm{d}^2}{\mathrm{d}t^2}I + R\frac{\mathrm{d}}{\mathrm{d}t}I + \frac{1}{C}I = \frac{\mathrm{d}}{\mathrm{d}t}\{V_0 \cos(2\pi\nu t)\} \qquad (6.5.1)$$

この方程式の代わりに，次の方程式の解を求める方法が便利であることを学びました．

$$L\frac{\mathrm{d}^2}{\mathrm{d}t^2}I + R\frac{\mathrm{d}}{\mathrm{d}t}I + \frac{1}{C}I = \frac{\mathrm{d}}{\mathrm{d}t}\{V_0 \exp(i2\pi\nu t)\} \qquad (6.5.2)$$

式6.5.2であれば，$I = I_0 \exp(i2\pi\nu t)$とおくことにより，特解を求めることができます．$I = I_0 \exp(i2\pi\nu t)$を代入して，微分を実行し，両辺を$i2\pi\nu \exp(i2\pi\nu t)$で割ると次のようになります．

$$\underbrace{i\,2\pi\nu L\,I_0 + R\,I_0 + \frac{1}{i\,2\pi\nu C}\,I_0}_{=\left(i\,2\pi\nu L + R + \frac{1}{i\,2\pi\nu C}\right)I_0} = V_0 \qquad (6.5.3)$$

こうして，複素電流$I_0 \exp(i2\pi\nu t)$を求め，その実数部分をとると，式6.5.1の解が求まります．式6.5.3は$(i\,2\pi\nu L + R + \frac{1}{i\,2\pi\nu C})$が複素数の「抵抗」であるかのような式になっており，これを**複素インピーダンス**と呼びます．

第7章

高階微分方程式

ポイント

　本章では，3階微分以上の高階の項を含む微分方程式，すなわち，高階微分方程式を取り扱います．

第7章 高階微分方程式

7.1 同次方程式の一般解

2階微分方程式の場合と同様，高階の微分方程式の場合も，$y, y', y'', y^{(3)} \cdots$ の項のみを含む場合，**同次方程式**といいます．同次微分方程式の場合，高階の微分方程式も2階微分方程式と同様に，特性方程式を使って，基本解を求め，一般解を求めます．特性方程式が因数分解できれば，微分方程式を解くことは難しいことではありません．

公式 7-1

$y''' + ay'' + by' + by = 0$ の解は → $y(x) = C_1 e^{\lambda_1 x} + C_2 e^{\lambda_2 x} + C_3 e^{\lambda_3 x}$（任意定数）

$y = e^{\lambda x}$ を代入して $e^{\lambda x}$ で割ることにより，$\lambda^3 + a\lambda^2 + b\lambda + c = 0$（特性方程式）を導きます．この解が λ_1 と λ_2 と λ_3 です

練習問題 7-1

次の3階微分方程式の一般解を求めましょう．
$$y''' - 3y'' + 3y' - y = 0 \tag{7.1.1}$$

解答

特性方程式は次のように因数分解されます．
$$(\lambda - 1)^3 = 0 \tag{7.1.2}$$
重解（$\lambda = 1$）を持つため，公式 6-8 を使用します．
$$(D - 1)^{-1} 0 = e^x \tag{7.1.3}$$

$$(D-1)^{-2}\,0 = (D-1)^{-1}\,e^x = e^x D^{-1}\!\left(e^{-x}e^x\right) = xe^x \tag{7.1.4}$$

$$(D-1)^{-3}\,0 = (D-1)^{-1}\,(xe^x) = e^x D^{-1}\!\left(e^{-x}xe^x\right) = \frac{1}{2}x^2 e^x \tag{7.1.5}$$

この結果,一般解は次のようになります.
$$y = C_1 e^x + C_2 x e^x + C_3 x^2 e^x \tag{7.1.6}$$

3つの基本解を**図7-1-1**に示します.

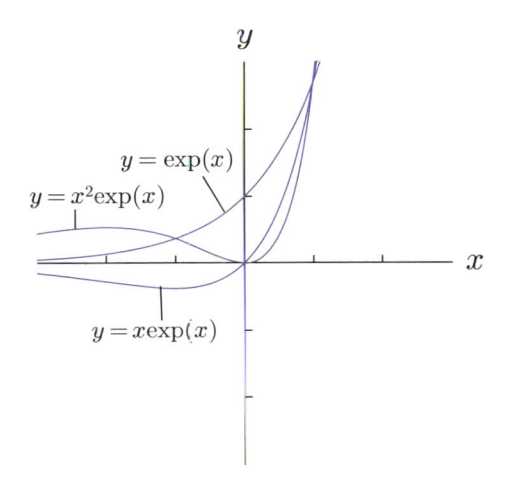

◆図7-1-1　$y''' - 3y'' + 3y' - y = 0$の基本解

練習問題 7-2

次の3階微分方程式の一般解を求めましょう.
$$y''' + 2y'' - y' - 2y = 0 \tag{7.1.7}$$

解答

特性方程式は次のように因数分解されます．

$$\left(\lambda^2 - 1\right)\left(\lambda + 2\right) = 0$$
$$\left(\lambda - 1\right)\left(\lambda + 1\right)\left(\lambda + 2\right) = 0 \quad (7.1.8)$$

> 特性方程式は，$\lambda^3 + 2\lambda^2 - \lambda - 2 = 0$

解 $\lambda = 1,\ -1,\ -2$ を持つため，一般解は次のようになります．

$$y = C_1 e^x + C_2 e^{-x} + C_3 e^{-2x} \quad (7.1.9)$$

練習問題 7-3

次の3階微分方程式の一般解を求めましょう．

$$y'''' - 5y'' + 4y = 0 \quad (7.1.10)$$

解答

特性方程式は次のように因数分解されます．

$$\left(\lambda^2 - 1\right)\left(\lambda^2 - 4\right) = 0$$
$$\left(\lambda - 1\right)\left(\lambda + 1\right)\left(\lambda - 2\right)\left(\lambda + 2\right) = 0 \quad (7.1.11)$$

> 特性方程式は，$\lambda^4 - 5\lambda^2 + 4 = 0$

解 $\lambda = 1,\ -1,\ 2,\ -2$ を持つため，一般解は次のようになります．

$$y = C_1 e^x + C_2 e^{-x} + C_3 e^{-2x} + C_4 e^{2x} \quad (7.1.12)$$

7.2 非同次方程式の特解

　第6-2節，第6-3節と同様にして，非同次方程式の特解を求めることができます．本節では，簡単な例のみを取り扱うことにします．

7.2.1 ● 非同次項が指数関数

　非同次項が指数関数の場合，公式6-3 と同じようにして，非同次方程式の特解を求めることができます．ただし，本節では，指数が特性方程式の解でない場合のみ取り扱います．

> **公式7-2** 非同次項が指数関数（指数が特性方程式の解でない場合）
>
> $y''' + ay'' + by' + cy = e^{\alpha x}$ の特解は　→　$y_\mathrm{s} = \dfrac{1}{\alpha^3 + a\alpha^2 + b\alpha + c} e^{\alpha x}$
>
> $y = Ae^{\alpha x}$ を代入すると，
> $\alpha^3 A e^{\alpha x} + a\alpha^2 A e^{\alpha x} + b\alpha A e^{\alpha x} + cA e^{\alpha x} = e^{\alpha x}$ となります．

> **練習問題 7-4**
>
> 次の3階微分方程式の特解を求めましょう．
> $$y''' - 3y'' + 3y' - y = e^{-x} \tag{7.2.1}$$

解 答

公式7-2にあてはめると，$a=-3$，$b=3$，$c=-1$，$\alpha=-1$
$y=Ae^{-x}$を代入して，Aを求めると，特解は次のようになります．

$(-1)^3 Ae^{-x} - 3(-1)^2 Ae^{-x} + 3(-1)Ae^{-x} - Ae^{-x} = e^{-x}$ より，

$$y = -\frac{1}{8}e^{-x} \tag{7.2.2}$$

練習問題 7-5

次の3階微分方程式の特解を求めましょう．
$$y''' + 2y'' - y' + 2y = e^{ix} \tag{7.2.3}$$

解 答

$y = Ae^{ix}$を代入して，Aを求めると，特解は次のようになります．

$(i)^3 Ae^{ix} + 2(i)^2 Ae^{ix} - iAe^{ix} + 2Ae^{ix} = e^{ix}$ より，

$$y = \frac{1}{-2i}e^{ix} = \frac{i}{2}e^{ix} \tag{7.2.4}$$

この微分方程式は，右辺が三角関数である微分方程式を解くときに，利用されます．

7.2.2 ● 非同次項が三角関数

公式7-3 非同次項が三角関数の場合の特解

$y''' + ay'' + by' + cy = \cos x$ の特解は

→ $y''' + ay'' + by' + cy = e^{ix}$ の特解の実数部分

$y''' + ay'' + by' + cy = \sin x$ の特解は

→ $y''' + ay'' + by' + cy = e^{ix}$ の特解の虚数部分

練習問題 7-6

次の3階微分方程式の特解を求めましょう.
$$y''' + 2y'' - y' + 2y = \cos x \tag{7.2.5}$$

解 答

まず，$y''' + 2y'' - y' + 2y = e^{ix}$ の特解を求めます．練習問題7-5で計算しましたが，$y = Ae^{ix}$ を代入して A を求めると，$y''' + 2y'' - y' + 2y = e^{ix}$ の特解は次のようになります.

$(i)^3 Ae^{ix} + 2(i)^2 Ae^{ix} - iAe^{ix} + 2Ae^{ix} = e^{ix}$ より，

$$y = \frac{i}{2}e^{ix} = \frac{i\cos x - \sin x}{2} \tag{7.2.6}$$

実数部分は次のようになります．これが解です.

$$y = \frac{-\sin x}{2} \tag{7.2.7}$$

> **練習問題 7-7**
>
> 次の3階微分方程式の特解を求めましょう.
> $$y''' - 3y'' + 3y' - y = \sin x \tag{7.2.8}$$

解 答

まず,$y''' - 3y'' + 3y' - y = e^{ix}$ の特解を求めます.$y = Ae^{ix}$ を代入して,A を求めると,特解は次のようになります.

$$(i)^3 Ae^{ix} - 3(i)^2 Ae^{ix} + 3(i)Ae^{ix} - Ae^{ix} = e^{ix} \text{ より,}$$

$$y = \frac{1}{2+2i}e^{ix} = \frac{1-i}{4}e^{ix} \tag{7.2.9}$$

虚数部分は次のようになります.これが解です.

$$\frac{1-i}{4}e^{ix} = \frac{1-i}{4}\cos x + i\frac{1-i}{4}\sin x$$

$$y = \frac{-1}{4}\cos x + \frac{1}{4}\sin x \tag{7.2.10}$$

7.2.3 ● 非同次項がべき関数

 非同次項が x の一次である場合について,解の求め方を公式7-4にまとめます.1次以上の場合については,展開の項が多くなるだけです.

公式 7-4　非同次項がべき関数であるときの解

$f(x) = a_0 + a_1 x$

$(D - \lambda_1)(D - \lambda_2)(D - \lambda_3)y = f(x)$ の解は

$$\to \quad y_s = \frac{-1}{\lambda_1 \lambda_2 \lambda_3}\left(1 - \frac{D}{\lambda_1}\right)^{-1}\left(1 - \frac{D}{\lambda_2}\right)^{-1}\left(1 - \frac{D}{\lambda_3}\right)^{-1} f(x)$$

公式 6-9 を使って，

$$\to \quad y_s = \frac{-1}{\lambda_1 \lambda_2 \lambda_3}\left\{1 + \left(\frac{D}{\lambda_1}\right)\right\}\left\{1 + \left(\frac{D}{\lambda_2}\right)\right\}\left\{1 + \left(\frac{D}{\lambda_3}\right)\right\} f(x)$$

練習問題 7-8

次の 3 階微分方程式の特解を求めましょう．

$$y''' - 2y'' - y' + 2y = x \tag{7.2.11}$$

解 答

微分演算子を使って書くと次のようになります．

$D^3 y - 2D^2 y - Dy + 2y$ を因数分解すると，$(D+1)(D-1)(D-2)y$

$$(D+1)(D-1)(D-2)y = x \tag{7.2.12}$$

第7章 高階微分方程式

公式7-4を使うと特解は次のようになります．

公式6-9を使って，

$$\begin{aligned}y &= \frac{1}{2}(1-D)(1+D)(1+\frac{1}{2}D)x = \frac{1}{2}(1-D)(1+D)(x+\frac{1}{2}) \\ &= \frac{1}{2}(1-D)(x+\frac{1}{2}+1) = \frac{1}{2}(x+\frac{1}{2}+1-1) = \frac{1}{2}x + \frac{1}{4} \quad (7.2.13)\end{aligned}$$

第8章

オイラーの微分方程式

ポイント

　ここまでは，主として微分方程式の解法を扱ってきました．本章では，オイラーの微分方程式を取りあげます．どういうときにオイラーの微分方程式を使うかを学び，特にオイラーの微分方程式を求めるところまでを取り扱います．

第8章 オイラーの微分方程式

8.1 汎関数と変分

　東京から大阪まで，地下にトンネルを掘って，その中を重力の力だけを受けて走る列車が存在するとしましょう．抵抗はないと仮定します．

　どういうトンネルを掘ると，一番早く着くでしょう？　トンネルの形状が，$y(x)$ だとして，$y(x)$ の関数形が決まると，到達時間 T が決まります．到達時間 T を最小にするのは，$y(x)$ がどんな関数のときでしょう．

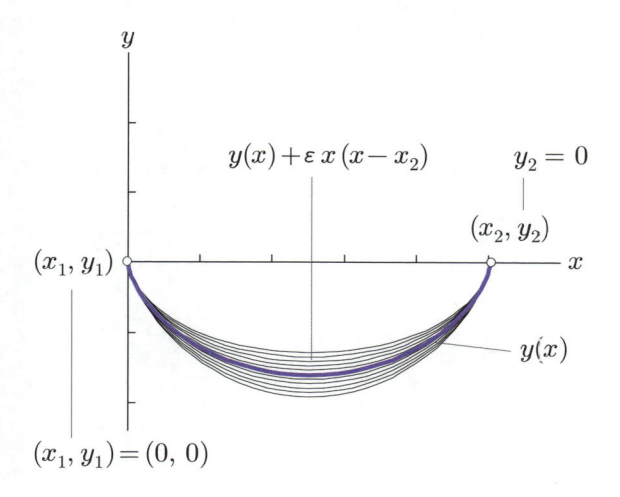

◆図8-1-1　汎関数と変分1

　答えは，**図8-1-1**の青い太線ですが，関数 $y(x)$ が与えられると，到達時間 T が決まります．到達時間 T が最小になるのは，$y(x)$ がどんな関数のときかを考えることにしましょう．

　関数 $y(x)$ が与えられると，到達時間 T が決まるとき，T を

汎関数といって，$T[y]$ と書きます[1]．

汎関数 $T[y(x)]$ の最小値を求めるにあたって，普通の関数 $y(x)$ の最小値を微分によって求めたことを参考にしましょう．

変数の変化 $\mathrm{d}x$ に対する関数の変化 $\mathrm{d}y = y(x+\mathrm{d}x) - y(x)$ を考え，微分係数 $\frac{\mathrm{d}y}{\mathrm{d}x}$ がゼロという条件で，関数 $y(x)$ を最小にする変数 x を求めました[2]．

汎関数の場合は，変数の変化 $\mathrm{d}x$ の代わりに，関数の微小な変化 δy を考える必要があります．**図8-1-1**では，関数の変化を $\delta y = \varepsilon x(x - x_2)$ としたときのグラフが描かれています．ε をいろいろの値にとったグラフです．この図から，$\varepsilon \to 0$ とすると，元の関数に近づく様子が見られます．もちろん，$x(x-x_2)$ である必要はありません．$\delta y = \varepsilon x^2(x - x_2)$ としても構いません．**図8-1-2**は $\delta y = \varepsilon x^2(x-x_2)$ とした図です．

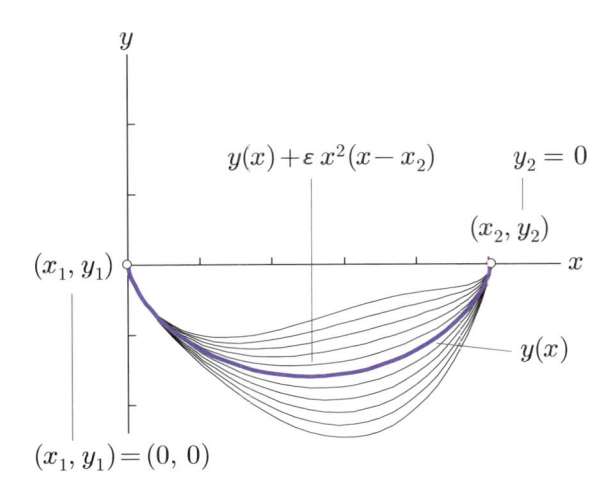

◆図8-1-2　汎関数と変分2

---

(1) 丁寧に書くときは，$T[y(x)]$ と書きます．汎関数は，いわば関数の関数です．
(2) 厳密には，$\frac{\mathrm{d}y}{\mathrm{d}x} = 0$ は，最小の条件ではなく極値をとる条件です．以下，極値をとる条件というべきところを最小になる条件ということにします．

第8章 オイラーの微分方程式

こう見ていくと，微分で $dx \to 0$ を考えることに対応して，汎関数の場合，任意の関数[3] η を使って $\delta y = \varepsilon \eta(x)$ として，$\varepsilon \to 0$ とすればよいことがわかります。

そうして，$\delta y = \varepsilon \eta(x)$ による汎関数の変化[4] δT を ε で割ったものがゼロになるという条件が，微分係数がゼロという条件の代わりになります．

具体的な例で考えたほうがわかりやすいので，到達時間 T を軌道 $y(x)$ の汎関数として具体的に表してみましょう．図8-1-3 を見てください．

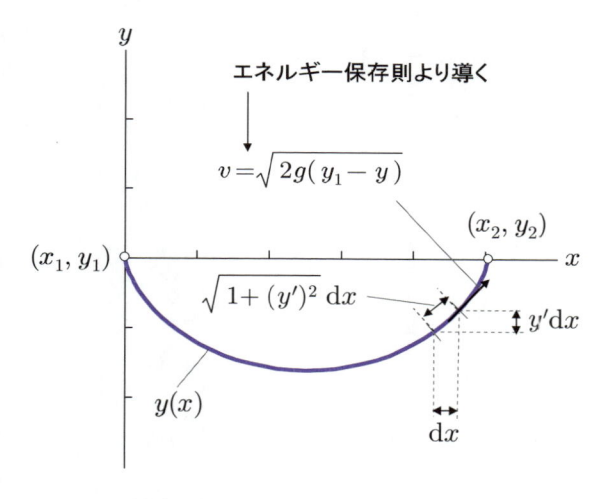

◆図8-1-3　到達時間

図から分かるように，x から $x + dx$ の区間の長さは $\sqrt{1+(y')^2}dx$ です．そこでの速度は，エネルギー保存則を使って，$v = \sqrt{2g(y_1 - y)}$ となります．この結果，到達時間 T は次のようになります．

---

[3] ただし $x = x_1$ と $x = x_2$ でゼロとなる条件を満たしている任意の関数です．
[4] これを汎関数の変分といいます．

$$T = \int_{x_1}^{x_2} \frac{\sqrt{1+(y')^2}\,\mathrm{d}x}{\sqrt{2g(y_1-y)}} = \int_{x_1}^{x_2} \frac{\sqrt{1+(y')^2}}{\sqrt{2g(y_1-y)}}\,\mathrm{d}x \quad (8.1.1)$$

（微小区間の距離）
（微小区間での速さ）

8.2 オイラーの微分方程式

この節では，汎関数を最小にする関数 y を求めますが，まず汎関数の変分 δT を考えましょう．そして，**図8-2-1**のように，任意の近づけ方に対し，$\displaystyle\lim_{\varepsilon \to 0}\frac{\delta T}{\varepsilon} = 0$，すなわち，$\left[\dfrac{\mathrm{d}(\delta T)}{\mathrm{d}\varepsilon}\right]_{\varepsilon=0}$ がゼロになる条件を求めましょう．つまり，x_1 と x_2 でゼロになる任意の関数 $\eta(x)$ に対し，$\left[\dfrac{\mathrm{d}(\delta T)}{\mathrm{d}\varepsilon}\right]_{\varepsilon=0} = 0$ となる条件を求めましょう．

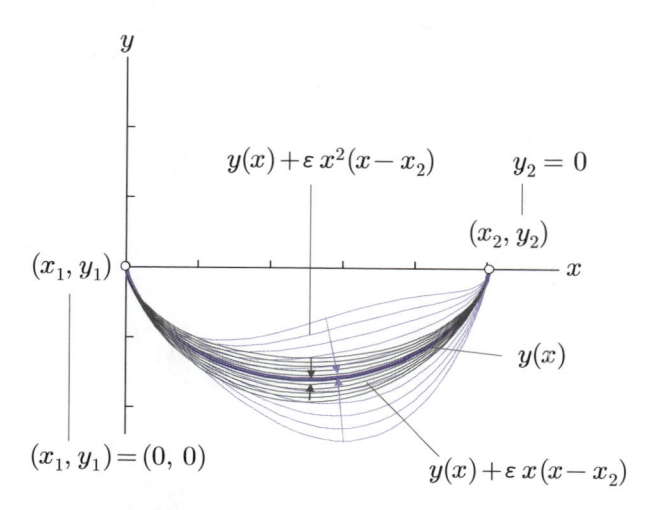

◆図8-2-1　関数に近づけるときの近づけ方

公式 8-1　汎関数が極値をとる条件

$T[y, y']$ が極値　⇔　$\displaystyle\lim_{\varepsilon \to 0} \frac{\delta T}{\varepsilon} = 0$　⇔　$\left[\dfrac{\mathrm{d}(\delta T)}{\mathrm{d}\varepsilon}\right]_{\varepsilon=0} = 0$

$$\delta T = T[y+\varepsilon\eta,\ y'+\varepsilon\eta'] - T[y, y']$$

（任意の η, η' に対し成立）

汎関数 δT を ε の関数として表すと，次のようになります．

$$\delta T = T[y+\varepsilon\eta,\ y'+\varepsilon\eta'] - T[y, y']$$
$$T = \int_{x_1}^{x_2} \frac{\sqrt{1+(y')^2}}{\sqrt{-2gy}}\,\mathrm{d}x$$

$\delta T = T[y+\varepsilon\eta,\ y'+\varepsilon\eta'] - T[y, y']$

（$T[y,y']$ の y' を $y'+\varepsilon\eta'$ とする）

$$= \int_{x_1}^{x_2} \frac{\sqrt{1+(y'+\varepsilon\eta')^2}}{\sqrt{-2g(y+\varepsilon\eta)}}\,\mathrm{d}x - \int_{x_1}^{x_2} \frac{\sqrt{1+(y')^2}}{\sqrt{-2gy}}\,\mathrm{d}x \quad (8.2.1)$$

（$T[y,y']$ の y を $y+\varepsilon\eta$ とする）

（微分と積分の順番を入れ替えても良い）

$$\frac{\mathrm{d}(\delta T)}{\mathrm{d}\varepsilon} = \int_{x_1}^{x_2} \frac{\frac{1}{2}\left\{1+(y'+\varepsilon\eta')^2\right\}^{-\frac{1}{2}} 2(y'+\varepsilon\eta')\,\eta'}{\sqrt{-2g(y+\varepsilon\eta)}}\,\mathrm{d}x$$

（分子の微分）　（分母の微分）

$$+ \int_{x_1}^{x_2} -\frac{1}{2}\frac{\sqrt{1+(y'+\varepsilon\eta')^2}}{\left[-2g(y+\varepsilon\eta)\right]^{\frac{3}{2}}}(-2g\eta)\,\mathrm{d}x \quad (8.2.2)$$

$$\left[\frac{\mathrm{d}(\delta T)}{\mathrm{d}\varepsilon}\right]_{\varepsilon=0} = \int_{x_1}^{x_2} \frac{\frac{1}{2}\left\{1+(y')^2\right\}^{-\frac{1}{2}} 2y'}{\sqrt{-2gy}} \eta' \,\mathrm{d}x$$

$$+ \int_{x_1}^{x_2} -\frac{1}{2}\frac{\sqrt{1+(y')^2}(-2g)}{\left[-2gy\right]^{\frac{3}{2}}} \eta \,\mathrm{d}x \quad (8.2.3)$$

> 第1項を部分積分して，$\left[\dfrac{\frac{1}{2}\left\{1+(y')^2\right\}^{-\frac{1}{2}} 2y'}{\sqrt{-2gy}} \eta\right]_{x_1}^{x_2} = 0$ を使う

$$= -\int_{x_1}^{x_2} \frac{\mathrm{d}}{\mathrm{d}x}\left[\frac{\frac{1}{2}\left\{1+(y')^2\right\}^{-\frac{1}{2}} 2y'}{\sqrt{-2gy}}\right] \eta \,\mathrm{d}x$$

$$+ \int_{x_1}^{x_2} -\frac{1}{2}\frac{\sqrt{1+(y')^2}(-2g)}{\left[-2gy\right]^{\frac{3}{2}}} \eta \,\mathrm{d}x \quad (8.2.4)$$

> 2つの積分を1つにして，η でくくって，$\dfrac{1}{\sqrt{2g}}$ は外に出す

$$= \frac{1}{\sqrt{2g}} \int_{x_1}^{x_2} \left[-\frac{\mathrm{d}}{\mathrm{d}x}\left\{\frac{\left\{1+(y')^2\right\}^{-\frac{1}{2}} y'}{\sqrt{-y}}\right\} + \frac{1}{2}\frac{\sqrt{1+(y')^2}}{\left[-y\right]^{\frac{3}{2}}}\right] \eta \,\mathrm{d}x$$
$$(8.2.5)$$

任意の η に対して，積分がゼロになるためには，大括弧の中身がゼロになる必要があります．大括弧の中身がゼロという式を書くと次のようになります．

$$-\frac{\mathrm{d}}{\mathrm{d}x}\left\{\frac{\left\{1+(y')^2\right\}^{-\frac{1}{2}} y'}{\sqrt{-y}}\right\} + \frac{1}{2}\frac{\sqrt{1+(y')^2}}{\left[-y\right]^{\frac{3}{2}}} = 0 \quad (8.2.6)$$

最短時間で到達する軌道を得るための微分方程式は得られました．この微分方程式の解は，パラメタ表示で次のように

書けます．かなり長い計算になりますから省略しますが，と
もかく，代入して計算すれば確かめることができます．

任意定数

$$x = \frac{a}{2}(\theta - \sin\theta) \qquad \cdots 0 \leq \theta \leq 2\pi \quad (8.2.7)$$
$$y = -\frac{a}{2}(1 - \cos\theta) \qquad \cdots 0 \leq \theta \leq 2\pi \quad (8.2.8)$$

この解のグラフを描くと**図8-2-2**のようになります．

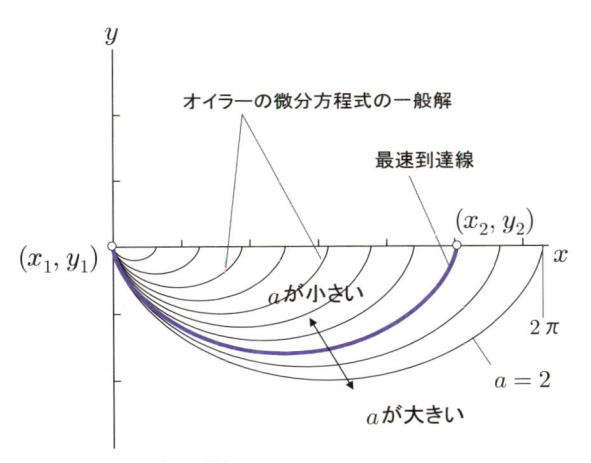

◆図8-2-2　最速到達線

なお，たくさんのグラフは任意定数aをいろいろ変えたグ
ラフです．その中で，(x_2, y_2)を通るグラフ（青太線）が，求
める最短到達時間を与えるグラフです．

汎関数を最小にする関数を求めるための，微分方程式をま
とめておきましょう．この微分方程式を**オイラーの微分方程
式**といいます．

公式8-2 オイラーの微分方程式

$T[y, y']$ が極値 $\Leftrightarrow$ $-\dfrac{\mathrm{d}}{\mathrm{d}x}\left(\dfrac{\partial T}{\partial y'}\right) + \dfrac{\partial T}{\partial y} = 0$

最短到達時間の例で,$\left[\dfrac{\mathrm{d}(\delta T)}{\mathrm{d}\varepsilon}\right]_{\varepsilon=0}$ の第1項を η' で割ったもの

最短到達時間の例で,$\left[\dfrac{\mathrm{d}(\delta T)}{\mathrm{d}\varepsilon}\right]_{\varepsilon=0}$ の第2項を η で割ったもの

オイラーの微分方程式は,解析力学などで利用される大切な方程式です[5].

---

[5] 解析力学のラグランジュの運動方程式については,拙著『よく分かる物理数学の基本と仕組み』(秀和システム),『振動工学の基礎』(技術評論社),『よく分かる力学の基本と仕組み』(秀和システム) などを参照してください.

■**参考文献**

東京大学応用物理学教室編 「微分方程式」 東京大学出版会

石村園子著 「やさしく学べる微分方程式」 共立出版株式会社

潮秀樹著 「よくわかる微分方程式」 秀和システム

Index

あ

1階線形微分方程式 62

一般解 9

オイラーの微分方程式 203

か

加法定理 103

基本解 118

逆演算子 149

極座標 105

高次微分方程式 90

交流理論 110

た

断熱変化 45

置換積分 13

同次方程式 18,186

特解 132

は

汎関数 197

汎関数の変分 198

非同次方程式 24

微分演算子 147

複素インピーダンス 107,184

複素指数関数 100

複素平面 105

部分積分 15

ベルヌーイ形微分方程式 62

変数分離形 34

ら

力学的エネルギー保存則 37

◆**著者プロフィール**◆

潮 秀樹（うしお ひでき）
  1947 年　東京都に生まれる
  1970 年　東京大学理学部物理学科卒業
  1977 年　東京大学大学院理系研究科博士課程単位取得退学
  1993 年　国立東京工業高等専門学校教授（現在に至る）
  1998 年　理学博士（東京大学）

●主な著書
（1）潮秀樹、上村洸　共著「やさしい基礎物理」（森北出版）
（2）潮秀樹著「図解入門　よくわかる　物理数学の基本と仕組み」（秀和システム）
（3）潮秀樹著「図解入門　よくわかる　量子力学の基本と仕組み」（秀和システム）
（4）潮秀樹、大野秀樹、小池清之　共著「実験でわかる　物理のキホン！」（秀和システム）
（5）潮秀樹、大野秀樹　共著「実験でわかる　エネルギーと環境」（秀和システム）
（6）H. Kamimura, H. Ushio, S. Matsuno, T. Hamada;
　　Theory of Copper Oxide Superconductors (Springer) ISBN 3-540-25189-8
（7）潮秀樹著「図解入門　よくわかる　光学とレーザーの基本と仕組み」（秀和システム）
（8）潮秀樹著「図解入門　よくわかる　物理化学の基本と仕組み」（秀和システム）
（9）潮秀樹著「図解入門　よくわかる　力学の基本と仕組み」（秀和システム）
（10）潮秀樹著「図解入門　よくわかる　電磁気学の基本と仕組み」（秀和システム）
（11）潮秀樹著「図解入門　よくわかる　微分方程式」（秀和システム）
（12）潮秀樹著「図解入門　よくわかる　物理数学　微分積分編」（秀和システム）
（13）潮秀樹著「これでわかった　工業数学の基礎」（技術評論社）
（14）潮秀樹著「これでわかった　振動工学の基礎」（技術評論社）

●主要論文
（1）Theoretical Exploration of Electronic Structure in Cuprates from Electronic Entropy; H. Kamimura, T. Hamada and H. Ushio, Phys. Rev. B 66(2002) pp.054504.
（2）Occurrence of d-wave Pairing in the Phonon-mediated Mechanism of High Temperature Superconductivity in Cuprates; H. Kamimura, S. Matsuno, Y. Suwa and H. Ushio, Phys. Rev. Lett. 77(1996) p723.

●趣味
囲碁、テニス、スキー、バレエ鑑賞など

- ●カバーデザイン／小島トシノブ＋齋藤四歩（NONdesign）
- ●本文デザイン／SeaGrape
- ●本文レイアウト／有限会社 ハル工房
- ●イラスト／時川 真一

これでわかった！シリーズ
微分方程式の基礎
びぶんほうていしき きそ

2009年11月25日 初版 第1刷発行
2022年 6月23日 初版 第3刷発行

著 者	潮 秀樹（うしお ひでき）
発行者	片岡 巌
発行所	株式会社技術評論社
	東京都新宿区市谷左内町 21-13
	電話 03-3513-6150 販売促進部
	03-3267-2270 書籍編集部
印刷／製本	株式会社 加藤文明社

定価はカバーに表示してあります

本書の一部または全部を著作権法の定める範囲を超え、無断で複写、複製、転載、テープ化、ファイル化することを禁じます。

©2009 潮 秀樹

造本には細心の注意を払っておりますが、万一、乱丁（ページの乱れ）や落丁（ページの抜け）がございましたら、小社販売促進部までお送りください。送料小社負担にてお取り替えいたします。

ISBN978-4-7741-4006-3 C3041

Printed in Japan

本書の内容に関するご質問は、下記の宛先まで書面にてお送りください。お電話によるご質問および本書に記載されている内容以外のご質問には、一切お答えできません。あらかじめご了承ください。

〒162-0846
新宿区市谷左内町 21-13
株式会社技術評論社 書籍編集部
「微分方程式の基礎」係
FAX：03-3267-2271